Introducción a la Electrónica Digital

Pablo G. Recabarren

Introducción a la
Electrónica Digital

Teoría, Circuitos y Ejercicios de aplicación

Diseño Interior: Pablo Recabarren
Diseño de tapa: Sarmiento, Jorge

El cuidado de la presente edición estuvo a cargo de
Jorge Sarmiento y *Pablo Recabarren*

Prohibida su reproducción, almacenamiento y distribución por cualquier medio, total o parcial sin el permiso previo y por escrito de los autores y/o editor. Esta también totalmente prohibido su tratamiento informático y distribución por internet o por cualquier otra red. Se pueden reproducir párrafos citando al autor y editorial y enviando un ejemplar del material publicado a esta editorial.

Hecho el depósito que marca la ley 11.723.

Impreso en Córdoba. Argentina

Distribución en el Exterior: Editorial Brujas. Pje. España 1485. Córdoba. Argentina. Te: 54-351-4606044 y 4691616. Horario: lunes a viernes de 9 a 18 hs.
Email: publicaciones@editorialbrujas.com.ar
www:editorialbrujas.com.ar

Venta directa: Jorge Sarmiento Editor-Universitas. Obispo Trejo 1404. 2 "B". B° Nueva Córdoba. Te: 54-351-3650681.
Email: universitaslibros@yahoo.com.ar -
www.universitaseditorial.com.ar - digital.universitaseditorial.com.ar
Córdoba. Argentina.

© 2010. Pablo Recabarren
© 2020. Jorge Sarmiento Editor. Obispo Trejo 1404. 2 "B". B° Nueva Córdoba.
   Te: 54-351-153650681. Email: universitaslibros@yahoo.com.ar
   www.universitaseditorial.com.ar - digital.universitaseditorial.com.ar
   Córdoba. Argentina.

Dedicado

A Isabel, Eva y Jorge
A Mis Padres
A los Amigos

Índice

Nota del Autor 9

1 Circuitos Digitales Combinacionales 11
    GENERALIDADES SOBRE ALGEBRA DE BOOLE 11
    OPERADORES LOGICOS 13
    RESUMEN DE POSTULADOS Y TEOREMAS DEL ALGEBRA DE BOOLE 15
    LA ANALOGÍA ELÉCTRICA 16
    UNIVERSALIDAD DE LAS COMPUERTAS NAND Y NOR DE 2 ENTRADAS ... 18
    REPRESENTACIÓN DE ENTRADAS COMPLEMENTADAS 19
    MINTERMS Y MAXITERMS 19
    IMPLEMENTACION CIRCUITAL DEL PROBLEMA DE LA POLIZA 20
    METODOS DE OPTIMIZACION DE FUNCIONES LOGICAS O BOOLEANAS.
    METODO GRAFICO DE LOS MAPAS DE VEITCH – KARNAUGH 21
    SOLUCION A UN PROBLEMA DE LA ANTIGÜEDAD 23
    APLICACIONES DE MULTIPLEXORES Y DEMULTIPLEXORES 27
    CIRCUITOS COMBINACIONALES MULTIFUNCION 28
    CIRCUITOS INTEGRADOS DE BAJA (SSI) Y DE MEDIA ESCALA DE
    INTEGRACION (MSI) 31
    CIRCUITOS DE ESCALA DE INTEGRACION MEDIA 35

2 Circuitos Digitales Secuenciales 45
    TEORIA DE AUTOMATAS 45
    AUTOMATAS DE MOORE. 47
    AUTOMATAS DE MEALY 48
    CIRCUITOS OSCILADORES BIESTABLES O FLIP FLOPS 49
    TABLA DE TRANSICIONES DEL FLIP FLOP SR. 51
    FLIP FLOP SR SINCRONIZADO 54
    DISEÑO DE CIRCUITOS SECUENCIALES 59
    CIRCUITOS SECUENCIALES SINCRONICOS 59
    CIRCUITOS SECUENCIALES ASINCRONICOS 65

3 Familias Lógicas 67
    Dispositivos Semiconductores 67
    Familias Lógicas. 75
    Familia Lógica RTL (Resistor Transistor Logic) 78
    Familia Lógica DTL (Diode Transistor Logic) 78
    Familia TTL (Transistor Transistor Logic) 80
    Familia TTL LS (Low Power Schottky) 87
    Otras familias TTL 88
    Otras Familias Lógicas bipolares 89
    Familias lógicas MOS 89
    Familias NMOS y PMOS 89
    Familia Lógica CMOS (Complementary MOS) 91

4 Aritmetica Binaria 101
    SUMA BINARIA 102
    CIRCUITO SUMADOR TOTAL 102
    SUMADOR DE ACARREO ANTICIPADO 106

REPRESENTACION DE NUMEROS CON SIGNO	106
RESTA EN CONVENCION DE COMPLEMENTO A 1	107
CIRCUITO SUMADOR-RESTADOR EN COMPLEMENTO A 2, ACUMULADOR.	109
CIRCUITO SUMADOR RESTADOR EN CONVENCION DE SIGNO MAGNITUD	111
MULTIPLICACION	111
DIVISION BINARIA	113
SISTEMAS DE NUMERACION Y CODIGOS BINARIOS	114
CODIGOS	115
ALGUNOS CODIGOS BINARIOS	116

5 Conversion Analogico Digital 123
AMPLIFICADORES OPERACIONALES	123
CUANTIFICACION Y MUESTREO	127
CONVERSORES DIGITALES – ANALOGICOS	134
CONVERSOR DIGITAL ANALOGICO EN ESCALERA R - 2R	136
CONVERSORES ANALOGICO DIGITALES	138

6 Dispositivos De Almacenamiento 145
MEMORIAS SEMICONDUCTORAS. CLASIFICACION	145
MEMORIAS SEMICONDUCTORAS	147
MEMORIAS RAM	147
MEMORIAS ROM	153
MEMORIAS PROM	156
MEMORIAS EPROM, EEPROM y OTP.	156
ORGANIZACIÓN DE BANCOS DE MEMORIAS	159
AMPLIACION DE PALABRA	160
AMPLIACION DE CAPACIDAD	161
AMPLIACION DE PALABRA Y DE CAPACIDAD	163

Bibliografía 165

Acerca del Autor 167

NOTA DEL AUTOR

Siempre me resultó desagradable el que muchas personas defendieran el haber tenido una idea, disputándose el mérito de ser *el padre de la criatura*, cuando todos sabemos que el verdadero mérito es de la madre. Siempre valoré más al que tomó la idea y la concretó. Aquello de que las realizaciones son el producto de un *10% de inspiración y de un 90% de transpiración* es algo que considero una verdad indiscutible, sin embargo y a la hora de ser justo debo reconocer que esta primera edición de INTRODUCCION A LA ELECTRONICA DIGITAL se debe al 10% de inspiración de mi amigo, compañero de estudios, colega y actual editor de este libro, el Ing. Jorge Sarmiento. Tampoco sería justo si no agregara que en su insistencia a lo largo de años, ha transpirado meritoriamente.

Y en esta hora de justicia, quiero destacar que este libro es un compendio del trabajo de muchos de quienes fueron mis maestros en las técnicas digitales a quienes no quiero dejar de mencionar. Ellos fueron los Ingenieros CARLOS MARQUES, GUSTAVO GIOVANOLA, CARLOS METZADOUR, PEDRO MURILLO, ROALD PITTAU, Y LUIS MURGIO. Con algunos de ellos he tenido además el honor de compartir tareas y seguir aprendiendo en ellas. En estas páginas hay métodos, aplicaciones y problemas que he aprendido de ellos en sus clases y espero que disculpen la osadía de esta recopilación, a la que considero necesaria en la medida de la importancia que tiene tanta experiencia, para la formación de nuevos ingenieros.

También quiero hacer un reconocimiento a todos aquellos con quienes he trabajado y con quienes actualmente comparto tareas, tanto en la Facultad de Ciencias Exactas, Físicas y Naturales, como en el Instituto de Astronomía Teórica y Experimental del Observatorio Astronómico ya que de ellos aprendo permanentemente. No los menciono en particular porque son demasiados y no quiero correr el riesgo de injustas omisiones.

Cabe una especial mención a mis alumnos, de quienes me nutro, tanto en el aula como en el laboratorio, con el agregado de una estimulante cuota de humor.

También quiero hacer mención a los amigos del Departamento de Ciencias de la Atmósfera del Instituto Antártico Argentino con quienes enfrentamos el desafío de aplicar estos conocimientos en el confín helado del planeta y a los colegas del Instituto Universitario Aeronáutico quienes me participaron en el proyecto del satélite Musat 1 "Víctor", introduciéndome en la problemática de hacer funcionar dispositivos electrónicos en el agresivo ambiente espacial. Con el grupo de Site Testing Astronómico del Observatorio Europeo Austral (ESO), aprendí no sólo a resolver el problema de la electrónica trabajando en altura, sometida a una gran exigencia climática, sino también a hacerlo bajo los rigurosos standards de calidad europeos.

Esta realización nace de la necesidad de aunar en un solo volumen la información sobre circuitos digitales de utilidad para mis alumnos del curso de Electrónica Digital I de las carreras de Ingeniería Electrónica, Ingeniería en Computación e Ingeniería Biomédica de la Universidad Nacional de Córdoba, obtenida de diversos libros sobre el tema y de la propia experiencia de muchos años de dictado de la asignatura.

El tratamiento de los temas no tiene la profundidad que algunos desearíamos, pero tampoco son analizados con superficialidad. El nivel es intermedio y adecuado para un curso universitario de técnicas digitales inicial. Se desarrolla completamente el programa de la asignatura quedando sólo excluido el tratamiento sobre FPGA (Field Programable Gate Array), dispositivos que por haber sido incorporados a los contenidos de la materia recientemente, se encuentran aún en etapa de elaboración, pero que se encontraran presente en una próxima edición.

Existen temas que presentan alguna dificultad para su comprensión, o que eventualmente exigen de especial atención, dicho esto a la luz de la realimentación generada con los alumnos. Suelo emplear durante las clases de aula, la expresión popular "¡Ojo al piojo!" para remarcar la importancia del tema o advirtiendo sobre el particular y es por ello que en estas páginas aparece un ícono con esta molesta forma de vida indicando que debe prestarse especial atención al contenido en cuestión.

Al comienzo de cada capítulo se incorpora un breve comentario histórico relacionado con el contenido a tratar en el afán de aportar un modesto valor agregado. Es importante recordar a quienes jalonaron el largo camino que condujo al desarrollo de la tecnología actual y futura.

Quienes de algún modo nos acercamos al hecho tecnológico tenemos el privilegio del entendimiento, al menos parcial, del mismo. No debe haber jactancia en esto, sino admiración por los logros alcanzados, en la comprensión de las dificultades enfrentadas y las soluciones aportadas que permitieron superarlas.

En el año 1977 se lanzaron las misiones "Viajero 1" y "Viajero 2". Hoy siguen operativas luego de haber traspuesto la heliopausa, la lejana frontera externa del sistema solar, a mas de 15000 millones de Km de distancia. Fueron reprogramadas desde Tierra, con un retardo del enlace de radio de más de 8 horas y algunos subsistemas pudieron cubrir el rol de otros que no sobrevivieron a la exigencia del ambiente espacial e incluso se dotó a la misión de funcionalidades no previstas en la época de su lanzamiento. Son el más lejano artificio construido por el hombre. Esto siempre me resulta maravilloso. Hemos elegido una carrera fascinante y no quiero terminar estas líneas sin manifestarlo.

Hago público mi agradecimiento a quienes menciono en estas notas deseando lo que todo ingeniero siempre desea y es que *lo que se haga*, este libro por caso, sea *útil a quien va dirigido*.

Pablo Recabarren, Córdoba, Febrero de 2010.

1
CIRCUITOS DIGITALES COMBINACIONALES

George Boole *(2 de noviembre de 1815 - 8 de diciembre de 1864) fue un matemático y filósofo británico. Como inventor del álgebra de Boole, la base de la aritmética computacional moderna, Boole es considerado como uno de los fundadores del campo de las Ciencias de la Computación. En 1854 publicó "An Investigation of the Laws of Thought" en él desarrollaba un sistema de reglas que le permitía expresar, manipular y simplificar, problemas lógicos y filosóficos cuyos argumentos admiten dos estados (verdadero o falso) por procedimientos matemáticos.*

GENERALIDADES SOBRE ALGEBRA DE BOOLE

El álgebra de Boole es una herramienta de la Lógica, derivada del Algebra de las Proposiciones. En nuestro curso nos basaremos en sus postulados para la resolución de circuitos digitales. Estableceremos analogías entre el comportamiento de los circuitos digitales y las funciones lógicas y veremos como esta Algebra postulada en el siglo XVII es la base del funcionamiento de las modernas computadoras.

Durante el proceso de resolución de un problema iremos introduciendo los conceptos y definiciones necesarios.

En una Compañía aseguradora, la póliza P, se otorga, si el postulante reúne los requisitos siguientes:

ó 1) Es poseedor de la Póliza Nro. 19, y es hombre y casado,
ó 2) Es poseedor de la Póliza Nro. 19, y es casado y menor de 25 años,
ó 3) No posee la Poliza Nro. 19 y es casado y mujer,
ó 4) Es hombre y menor de 25 años,
ó 5) Es casado y tiene 25 años o más.

Se requiere implementar un circuito digital combinacional que encienda un LED cuando una solicitud de otorgamiento de la Póliza P, deba ser aceptada, en función del cumplimiento de los requisitos estipulados.

a) Entendemos por *Proposición*, a una declaración de la que se puede decir que es verdadera (V) o falsa (F). Por ejemplo, hoy llueve, Mario es trabajador, mañana es lunes. No es una proposición, por ejemplo, la expresión "desplace el gabinete hacia un lado", ya que no tiene sentido decir sobre esto si es Verdadero o Falso.

b) *Variable lógica*, es una entidad lógica que goza de tres propiedades distintivas. 1) Puede adoptar uno u otro, de sólo dos valores posibles. 2) Los valores se expresan por sentencias declarativas. 3) Los dos posibles valores deben ser tales que "según el razonamiento humano" son mutuamente excluyentes.

c) *Función Lógica*, regla por la que una variable lógica (variable dependiente) adopta un valor determinado, a partir del valor de otra/s variable/s lógica/s (variable independiente).

d) *Función Lógica AND, Y, Conjunción Lógica ó Producto Lógico*, suponemos que las proposiciones "hoy llueve", y "hoy es martes". La proposición "hoy llueve y hoy es martes" será verdadera, sólo si ambas proposiciones lo son. Con que una de ellas sea Falsa, la proposición Conjunción de ambas también será Falsa.

Supongamos la analogía Verdadero = 1, y Falso = 0,

Hoy llueve	Hoy es martes	Hoy llueve Y es martes
0	0	0
0	1	0
1	0	0
1	1	1

Vemos su similitud con un Producto algebraico, y de allí su denominación. La representamos con un punto (.), o simplemente sin nada. Si entre dos variables lógicas no existe ningún símbolo, se sobreentiende que están multiplicadas. Las siguientes expresiones son equivalentes $AB = A.B$

e) **Función Lógica OR, O, Disyunción Lógica ó Suma Lógica**: Utilizando las mismas proposiciones del párrafo anterior, la proposición "hoy llueve ó es martes", será Verdadera con que una sola de las proposiciones componentes lo sea.

Hoy Llueve	Hoy es martes	Hoy llueve O es martes
0	0	0
0	1	1
1	0	1
1	1	1

Y en este caso vemos su similitud con una suma algebraica. Se representa a esta función con el símbolo de la suma algebraica. Por ejemplo, $A+B$.

Las tablas descriptivas de las funciones presentadas pueden ser confeccionadas ya sea con "1" y "0", o con "V" o "F", por lo que son llamadas Tablas de Verdad y son una de las formas de describir una función lógica. Describen completamente el funcionamiento de una función ya que encontramos en ellas la expresión de la/s salida/s como función de todas las posibles combinaciones de sus entradas.

f) **Función NO, NOT o Complemento**. La Negación o Complemento de una proposición es la función por la que si una variable es Verdadera, su Negada o Complemento es Falsa y viceversa. Se la indica formalmente con una línea sobre la variable negada o complementada.

Por ejemplo si decimos que $A = 1$, implica que $\overline{A} = 0$,
o sea si $A =$ Hoy es martes $\overline{A} =$ Hoy NO es martes

Retomamos nuestro problema y vemos que el mismo puede expresarse a partir de proposiciones, a las que identificamos con letras. Estas serán las variables lógicas, y sus interdependencias serán las funciones lógicas descriptivas del problema.

Proposición	Variable Lógica
Se otorga la Póliza P	P
Posee la póliza nro. 19	A
Es casado	B
Es mujer	C
Es menor de 25 años	D

El planteo se formaliza reemplazando proposiciones y funciones según la simbología explicitada

$$P = AB\overline{C} + ABD + \overline{A}BC + \overline{C}D + B\overline{D}$$

Siendo ésta, la expresión de nuestro problema según la simbología o formalismo del Algebra de Boole. La función P (otorgamiento de la póliza), será Verdadera, si alguno de estos sumandos lo es. Dicho de otro modo, con que el resultado de uno de los sumandos en la expresión sea "1", es condición suficiente para que P lo sea. Esta forma de expresar una función lógica se conoce como Suma de Productos.

En este punto no hemos hecho más que expresar nuestro problema mediante una formalidad diferente, pero no hemos avanzado en su solución circuital. Simplemente se trata de otro modo de decir lo mismo que originalmente se planteó.

El problema de la Ingeniería es resolver el problema circuitalmente, empleando el menor costo posible en recursos, y cuando decimos esto, nos referimos a la solución más económica.

OPERADORES LOGICOS

Presentamos las funciones lógicas mas utilizadas.

TABLA DE VERDAD DE LA FUNCION AND, PRODUCTO O CONJUNCION LOGICA

X	Y	X.Y
F	F	F
F	V	F
V	F	F
V	V	V

X	Y	X.Y
0	0	0
0	1	0
1	0	0
1	1	1

TABLA DE VERDAD DE LA FUNCION OR, SUMA LOGICA O DISYUNCION LOGICA

X	Y	X+Y
F	F	F
F	V	V
V	F	V
V	V	V

X	Y	X+Y
0	0	0
0	1	1
1	0	1
1	1	1

TABLA DE VERDAD DE LA FUNCION NO AND ó NAND

X	Y	$\overline{XY}$
F	F	V
F	V	V
V	F	V
V	V	F

X	Y	$\overline{XY}$
0	0	1
0	1	1
1	0	1
1	1	0

TABLA DE VERDAD DE LA FUNCION NO OR ó NOR

X	Y	$\overline{X+Y}$
F	F	V
F	V	F
V	F	F
V	V	F

X	Y	$\overline{X+Y}$
0	0	1
0	1	0
1	0	0
1	1	0

TABLA DE VERDAD DE LA FUNCION NO ó NOT

X	$\overline{X}$
V	F
F	V

X	$\overline{X}$
1	0
0	1

TABLA DE VERDAD DE LA FUNCION OR EXCLUSIVA, EX OR ó XOR

X	Y	$X \oplus Y$
F	F	F
F	V	V
V	F	V
V	V	F

X	Y	$X \oplus Y$
0	0	0
0	1	1
1	0	1
1	1	0

TABLA DE VERDAD DE LA FUNCION NOR EXCLUSIVA, EX NOR

X	Y	$\overline{X \oplus Y}$
F	F	V
F	V	F
V	F	F
V	V	V

X	Y	$\overline{X \oplus Y}$
0	0	1
0	1	0
1	0	0
1	1	1

Podemos agregar a esto que una doble negación es una afirmación. De un modo mas general, un número par de negaciones sobre una variable dada, nos dará la misma variable, ientras que un número impar, su complemento.

$$\overline{\overline{X}} = X$$

Dos expresiones algebraicas (función, variable, etc), son complementarias cuando si una es "1", implica que la otra es "0". Las siguientes expresiones son complementarias. Se sugiere implementar las respectivas Tablas de Verdad para verificarlo.

$$A + \overline{B}C \text{ es complementaria con } \overline{A}B + \overline{C}$$

RESUMEN DE POSTULADOS Y TEOREMAS DEL ALGEBRA DE BOOLE

1.a) $0 \cdot x = 0$ 1.b) $1 + x = 1$
2.a) $1 \cdot x = x$ 2.b) $0 + x = x$
3.a) $x \cdot x = x$ 3.b) $x + x = x$
4.a) $x \cdot \overline{x} = 0$ 4.b) $x + \overline{x} = 1$

Ejemplos:

$$A.\overline{A} + B = B$$
$$A + \overline{A} + B = 1$$
$$(A + \overline{A}).B = B$$
$$A.A.B = AB$$

5) Conmutatividad

a) $x.y = y.x$ b) $x+y = y+x$

6) Asociatividad

a) $x.y.z = (x.y).z = x.(y.z)$ b) $x+y+z = (x+y)+z = x + (y+z)$

7) Teorema de De Morgan.
Este teorema es particularmente útil y se aplica cuando se quieren realizar implementaciones exclusivamente con compuertas NAND y/ó NOR de dos entradas.

a) $\overline{x.y...z} = \overline{x} + \overline{y} + ... + \overline{z}$ b) $\overline{x + y + ... + z} = \overline{x}.\overline{y}.....\overline{z}$

8)
a) $x.y + x.z = x.(y+z)$ b) $(x+y).(x+z) = x + yz =$

$$= xx + xz + yx + yz =$$
$$= x + xz + yx + yz =$$
$$= x(1+z+y)+yz=$$
$$= x.1+yz = x+yz$$

9) $xy + x\overline{y} = x$ b) $(x+y)(x+\overline{y}) = x$

$$= xx + x\overline{y} + yx + y\overline{y} =$$
$$= x + x\overline{y} + yx =$$
$$= x(1+\overline{y}+y) = x$$

10)
a) $x + xy = x$ b) $x(x + y) = x$

11)
a) $x + \overline{x}y = x + y$ b) $x(x + y) = x$
       $= (x+\overline{x})(x+y) = 1(x+y) = x+y$ $x.\overline{x}+xy = 0 + xy = xy$

12)
a) $xy + \bar{x}z + yz = xy + \bar{x}z$
    $= z(\bar{x}+y) + xy = (xy+\bar{x}+y) =$
    $= (xy+z)(xy+\bar{x}) = xy + zx$

b) $(x+y)(\bar{x}+z)(y+z) = (x+y)(\bar{x}+z)$
    $= [z+(\bar{x}y)](x+y) = zx + yz + \bar{x}y =$
    $= (\bar{x}y+z)(\bar{x}y+z)(\bar{x}y+x+y) =$
    $= (\bar{x}y+z)(y.(1+\bar{x})+x) =$
    $= \bar{x}y + zx = (z+\bar{x}y)(x+\bar{x}y) =$
    $= (\bar{x}+z)(x+y)$

13)
a) $x\bar{y} + \bar{x}y = (x\bar{y}+\bar{x})(x\bar{y}+y)$
    $= (x\bar{y}+\bar{x})(x\bar{y}+y) =$
    $= (x\bar{y}+x)(\bar{x}y+\bar{y}) =$
    $= (y+x)(\bar{x}+\bar{y})$

b) $(x+\bar{y})(\bar{x}+y) = xy + \bar{x}\bar{y}$

14)
a) $x f(x, \bar{x}, y, ..., z) = x f(1,0, y, ..., z)$

b) $x + f(x, \bar{x}, y, ..., z) = x + f(1,0, y, ..., z)$

15)
a) $f(x, \bar{x}, y, z) = x f(1,0,y,z) + \bar{x} f(1,0,y,z)$

b) $f(x, \bar{x}, y, z) = (x + f(0,1,y,z))(\bar{x}+f(0,1,y,z))$

LA ANALOGÍA ELÉCTRICA

Ahora necesitamos establecer una vínculo entre el Algebra de Boole y nuestra necesidad de una herramienta que nos permita resolver problemas a través de implementaciones circuitales. Si el comportamiento de algunos componentes eléctricos y/o electrónicos puede describirse bajo los conceptos del Algebra de Boole, podremos utilizar sus propiedades para la resolución e implementación de circuitos implementados con los mismos. Para ello necesitamos componentes cuyo funcionamiento sea análogo al de las proposiciones lógicas, esto es; a) que sólo puedan estar en uno, de no más de dos estados posibles (Verdadero ó Falso, abierto o cerrado, alto o bajo, conduciendo o no, "1" ó "0"), b) Sus valores se expresan en forma declarativa (Verdadero o Falso, Alto o Bajo, "1" ó "0", etc) y c) que estos dos estados posibles sean mutuamente excluyentes (si está abierto, no está a la vez cerrado y viceversa, si está en alto, no está a la vez, en bajo, y viceversa, conduce o no conduce, si es "1", no es "0" y viceversa, etc.).

Nótese que cuando se usa el "1" y el "0" para expresar un valor lógico, se los escribe entre comillas, para diferenciarlos de cuando sus símbolos tienen valor numérico (1 Volt, 0 Ampere, etc).

En las siguientes figuras se presentan circuitos eléctricos cuyos comportamientos son análogos a variables lógicas, y su representación circuital esquemática o "compuertas".

Introduccion a la Electronica Digital

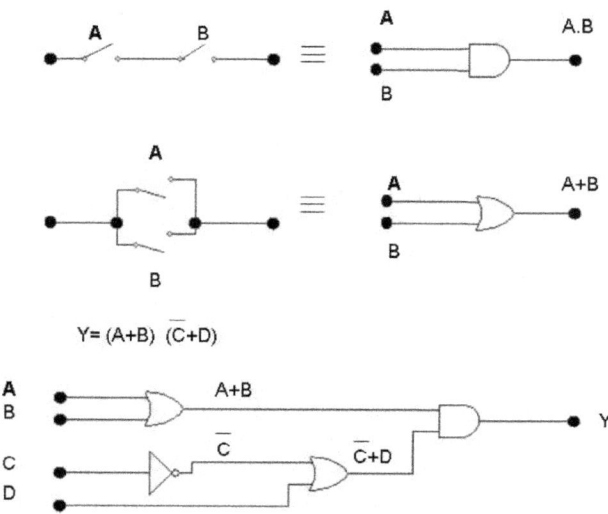

Figura 1. Dispositivos eléctricos básicos, de actuación digital y compuertas.

El interruptor de la primer parte de la Figura 1., se encuentra normalmente (no excitado) poniendo el valor de A, en la salida (Out). Si a A le damos un valor positivo, significando con esto la aplicación de una tensión positiva, el relay se excita, haciendo que la llave conmute, lo cual hará que a la salida se presente el valor complementario de A. En este caso funciona como una función NOT, y a su derecha vemos la representación simbólica de tal función. A un dispositivo que opera de este modo lo llamamos "Compuerta NOT", o "Compuerta Inversora".

Del mismo modo vemos como un circuito de llaves en serie es análogo a una función o "Compuerta AND", en la que para que haya conducción hacia la salida (Out), ambos interruptores deben estar cerrados , mientras que un circuito de llaves en paralelo, es análogo a una función y "Compuerta OR", en la que es suficiente con que una sola de las llaves este cerrada, para que tengamos tensión en la salida.

Si establecemos convenciones tales como que una tensión positiva o voltaje positivo, representa un "1" lógico, o un "Verdadero", y la masa o neutro del circuito es un "0" lógico, o un "Falso", las correspondientes tablas de verdad de las funciones aludidas se corresponden con los respectivos circuitos. Cuando la convención es la mencionada, decimos que trabajamos en "Lógica Positiva".

Nada nos impide establecer una convención de "Lógica Negativa", en la que un "1" lógico se representa eléctricamente por un voltaje nulo o negativo, pero esto debe ser consistente con la interpretación del resultado o salida del circuito.

Finalmente, la Figura 1 muestra el circuito de compuertas representativo de la función Y, en términos de esta analogía.

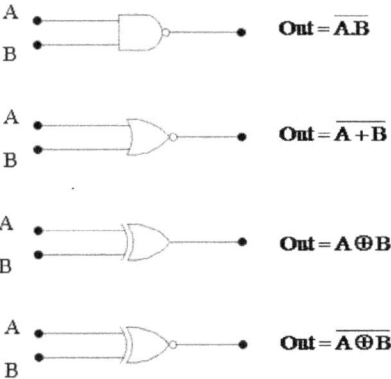

Figura 2. Compuertas NAND, NOR, XOR y EXNOR.

La Figura 2. muestra los símbolos correspondientes a las compuertas NAND, NOR, OR Exclusiva ó XOR y NOR Exclusiva o EXNOR.

UNIVERSALIDAD DE LAS COMPUERTAS NAND Y NOR DE 2 ENTRADAS.

"Cualquier función lógica, por compleja que sea, puede implementarse con compuertas NAND y/o NOR de dos entradas". Esta propiedad es sumamente útil, ya que permite resolver cualquier problema, disponiendo exclusivamente de este tipo de componentes. Veremos algunos ejemplos, en los que aplicaremos algunos postulados del álgebra de Boole, de entre los cuales se distingue especialmente en este tipo de aplicaciones, el teorema de De Morgan.

a) $\overline{x.y...z} = \overline{x} + \overline{y} + ... + \overline{z}$ b) $\overline{x + y + ... + z} = \overline{x}.\overline{y}....\overline{z}$

Ejemplos:

1) Función NOT, con NAND y con NOR de 2 entradas.

Introduccion a la Electronica Digital

2) Función AND, con compuertas NAND de 2 entradas.
$A.B = \overline{\overline{A.B}}$

3) Función OR, con compuertas NAND de 2 entradas.
$A + B = \overline{\overline{A+B}} = \overline{(\overline{A.B})}$ (aplicando De Morgan)

REPRESENTACIÓN DE ENTRADAS COMPLEMENTADAS

Ejercitación:
Se sugiere como ejercicios implementar la funciones AND y NOR, con compuertas NOR de 2 entradas y las funciones XOR y EXNOR con compuertas NAND y NOR de 2 entradas.

MINTERMS Y MAXITERMS

Las funciones lógicas pueden expresarse tanto como suma de productos o como producto de sumas. Decimos que una función está "expandida" cuando se expresa como una suma de productos, en la que en cada un o de sus términos encontramos a todas las variables independientes de la función, ya sea directa y complementada.

Es interesante tener en cuenta la siguiente consideración para lo cual supongamos la variable A,

$A = A.1 = A(C + \overline{C}) = AC + A\overline{C}$. Vemos que hemos incorporado la variable C, a la expresión, sin que la igualdad haya perdido su validez, simplemente multiplicando la expresión, por la variable C, mas su complemento. Luego aplicamos la propiedad distributiva, del producto lógico, con respecto a la suma.

Vamos a extender esto a un ejemplo. Se tiene la función $Y = AB + C\overline{D}$, la que si bien está expresada como una suma de productos, no tenemos a las 4 variables independientes de la función en los dos términos de la suma. Procedemos a expandirla,

$$Y = AB + C\overline{D} = AB(C + \overline{C}) + C\overline{D}(A + \overline{A}) = ABC + AB\overline{C} + C\overline{D}A + C\overline{D}\overline{A} =$$
$$= ABCD + ABC\overline{D} + AB\overline{C}D + AB\overline{C}\overline{D} + C\overline{D}AB + C\overline{D}A\overline{B} + C\overline{D}\overline{A}B + C\overline{D}\overline{A}\overline{B}$$

Obteniendo a la función Y, como una suma de términos, en cada uno de los cuales tenemos a todas las variables. Se denomina "término mínimo", o "minterm" a cada uno de ellos.

Del mismo modo, si $X = (A + B)(A + \overline{B})(\overline{A} + B)$ en la que la función está expresada como producto de sumas, en la que cada factor se denomina "término máximo", o "maxterm". Durante este curso emplearemos asiduamente la primer forma, no así, esta última.

IMPLEMENTACION CIRCUITAL DEL PROBLEMA DE LA POLIZA

Ahora estamos en condiciones de implementar con compuertas, nuestra función lógica de otorgamiento de la Póliza de la Compañía de seguros, P (A,B,C,D).

$$P = AB\overline{C} + ABD + \overline{A}BC + \overline{C}D + B\overline{D}$$

De esta función, el diagrama esquemático del circuito de compuertas que lo resuelve

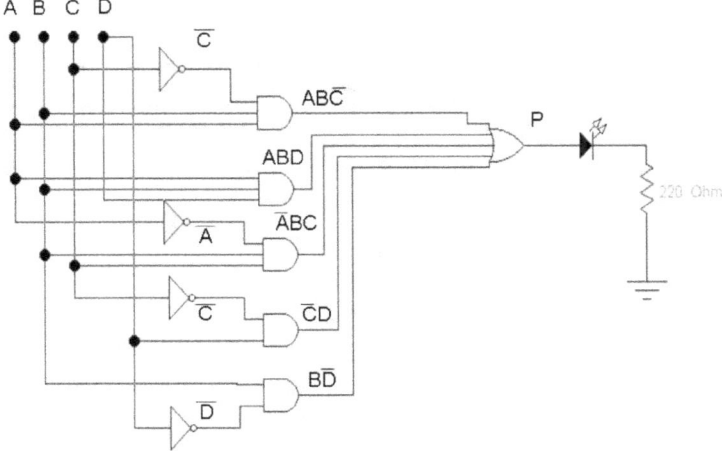

Figura 7. Circuito combinacional requerido, sin simplificar.

En el cual, se encenderá el LED, cuando la póliza P, reúna las condiciones para su otorgamiento. Llegado a esta solución, podemos decir que este circuito cumple con lo requerido y es solución del problema. Sin embargo, y como toda solución en Ingeniería requiere de un razonable y adecuado grado de optimización, queda preguntarnos si tal circuito es realmente OPTIMO. Obviamente que la pregunta que sigue es ¿ A que consideramos OPTIMO?. Dependiendo de la aplicación se dice que el circuito óptimo es el

Introduccion a la Electronica Digital

que menos compuertas demanda para implementar una función. Esto es cierto bajo determinadas condiciones. La solución óptima será aquella que insuma la menor cantidad de circuitos integrados y no la que menos compuertas demande. La diferencia es sutil y discutiremos sobre este particular luego de analizar como se encapsulan las compuertas, en los circuitos integrados comerciales. Dejamos este punto pendiente, para una discusión posterior.

METODOS DE OPTIMIZACION DE FUNCIONES LOGICAS O BOOLEANAS. METODO GRAFICO DE LOS MAPAS DE VEITCH – KARNAUGH

Partimos de nuestra función de la Póliza P,

$$P = AB\overline{C} + ABD + \overline{A}BC + \overline{C}D + B\overline{D}$$

y la expandimos en suma de productos ...

$$P = AB\overline{C} + ABD + \overline{A}BC + \overline{C}D + B\overline{D} = AB\overline{C}D + AB\overline{C}\overline{D} + ABCD + AB\overline{C}D + \overline{A}BCD + \overline{A}BC\overline{D}$$
$$+ \overline{C}DA + \overline{C}D\overline{A} + \overline{C}DB + \overline{C}D\overline{B} + B\overline{D}A + B\overline{D}\overline{A} =$$

$$P = AB\overline{C}D + AB\overline{C}\overline{D} + ABCD + AB\overline{C}D + \overline{A}BCD + \overline{A}BC\overline{D} + AB\overline{C}D + A\overline{B}\overline{C}D + \overline{A}B\overline{C}D + \overline{A}\overline{B}\overline{C}D +$$
$$AB\overline{C}D + \overline{A}B\overline{C}D + A\overline{B}\overline{C}D + \overline{A}\overline{B}\overline{C}D + AB\overline{C}\overline{D} + ABC\overline{D} + \overline{A}BC\overline{D} + \overline{A}B\overline{C}\overline{D}$$

La función P será "1", si al menos uno de sus términos (minterm) lo es, luego ubicamos en el mapa de Veitch – Karnaugh cada una de las cuadriculas representativas de cada minterm, y si está presente en la función a simplificar, ponemos un "1" en la posición correspondiente del mapa. Vemos que algunos términos pueden estar repetidos, pero como A+A = A , estos términos deben ser considerados una sola vez.

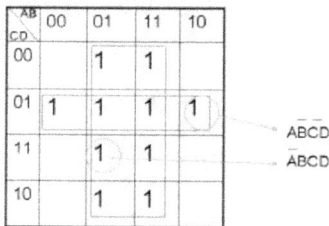

Figura 8. Mapa de Veitch-Karnaugh del problema.

Se agrupan los "1" adyacentes de modo tal que formen agrupaciones de potencias de 2 elementos (2, 4, 8, etc), y de cada una de estas agrupaciones, formamos un término con las variables cuyos valores no cambien dentro del mismo. En la figura vemos dos grupos de "1". Uno de 8 y otro de cuatro.

Una consideración importante es que agrupamos "unos adyacentes", o sea que entre el valor de las variables de una cuadrícula del mapa y otra "adyacente" solamente puede variar el valor de una variable. Esta es la razón por la que acomodamos las cuadrículas en el orden 00, 01, 11 y 10, en lugar de 00, 01, 10 y 11, que sería lo normal en binario natural. Si la cuadrícula 10, esta al lado de la 01, ambas variables cambian y la adyacencia lógica no coincidiría con la adyacencia topológica en el mapa de Karnaugh.

En nuestro caso, en el grupo de 8, la única variable que mantiene su valor en todas las cuadrículas involucradas es B, y con valor directo. En el grupo de 4 elementos, las variables que mantienen su valor en todas las cuadrículas son C y D, aunque C está complementada. De acuerdo a esto, la función P, simplificada por este método gráfico es $P = B + \overline{C}D$.

Se desprende del análisis de esta expresión que la función encontrada es independiente de la variable A, y el circuito correspondiente a $P = B + \overline{C}D$, será...

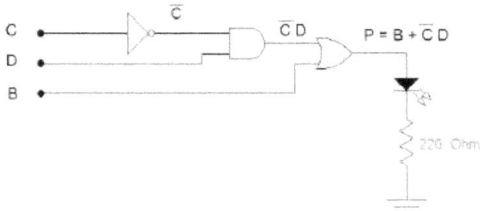

Figura 9. Circuito combinacional requerido, simplificado por el método de mapas de Veitch-Karnaugh.

En párrafos anteriores se hizo mención al concepto de OPTIMIZACION del diseño. Como vemos, el circuito que se obtuvo tiene solamente tres compuertas, a diferencia del circuito no simplificado de la Figura 7. Esto aparenta ser una muy buena simplificación, y de hecho lo es. El inconveniente se presenta en el plano eminentemente práctico, ya que comercialmente estas compuertas se presentan en encapsulados de cuatro compuertas AND, de cuatro compuertas OR y de seis compuertas NOT, por circuito integrado, por lo que nuestro circuito combinacional se montará en un circuito impreso, con tres circuitos integrados. Uno de 4 NANDs, del que se empleará solo una, otro de 4 NORs, de las que se utilizará solamente una y otro de 6 NOTs, de las que se empleará también, sólo una. El área de circuito impresa deberá albergar a tres circuitos integrados, además del LED y de la resistencia, y eventualmente tres llaves para poner en "1" ó "0" a las variables C, D y B.

Seguiremos trabajando nuestra función un poco más, haciendo dobles complementos y aplicando el Teorema de De Morgan, para obtener un circuito que tenga compuertas del mismo tipo, con el objeto de disminuir el número de circuitos integrados necesarios y con ello, nuestro costo en componentes y en área de circuito impreso. Así nuestra función queda de la forma:

$$P = B + \overline{C}D = \overline{\overline{B + \overline{C}D}} = \overline{\overline{B}.\overline{\overline{C}D}}$$

y su implementación circuital ...

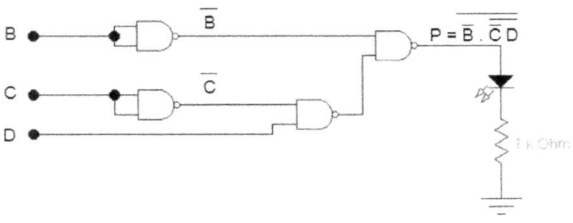

Figura 10. Circuito combinacional requerido optimizado.

Es importante destacar que si consideramos a los circuitos no simplificado, simplificado y optimizado, como "cajas negras", son desde el punto de vista de su lógica funcional, equivalentes, o sea que tienen la misma tabla de verdad, o dicho de otro modo, la relación entre su salida P, y sus entradas A,B,C y D, son exactamente iguales. Sus diferencias se presentan en la forma en que son implementados. En esta ultima versión circuital de la solución al problema planteado tenemos una compuerta mas que en la solución que nos entregaba la aplicación del método de Karnaugh, pero como un circuito integrado de compuertas NAND de 2 entradas, presenta 4 compuertas en su encapsulado, utilizamos un solo circuito integrado, con el consiguiente ahorro, no sólo en la cantidad de integrados, sino en el el tamaño de la plaqueta impresa. El costo de los circuitos impresos es proporcional al área que ocupan, por lo que el ahorro en superficie necesaria para el montaje es importante.

SOLUCION A UN PROBLEMA DE LA ANTIGÜEDAD

Problema de Josué.

Josué, su perro, su cabra y un repollo deben ser cruzados al otro lado del Río Jordán, pero lamentablemente en la barca de Josué sólo caben tres de estos elementos por vez, el problema es que no pueden estar solos el perro con la cabra, ya que éste la ataca, o la cabra y el repollo, pues ésta se lo come. Si bien este problema tiene sus orígenes en épocas bíblicas, lo hemos recuperado de la historia y le encontraremos una solución digital. Mas vale tarde que nunca. Se lo debemos a las miles de cabras y repollos atacados y comidos cruzando rios, durante todos estos siglos.

Desarrollaremos un circuito combinacional que encienda un LED, en la consola de mandos de la barca de Josué, cuando se de una situación de riesgo.

En este caso, partimos directamente planteando la tabla de verdad descriptiva del problema, previo a lo cual estableceremos algunas convenciones,

a) Denominaremos J a la proposición (o variable lógica) "Josué está presente", P a "el perro está presente", R a "el repollo está presente" y C, a "la cabra está presente".
b) Aceptaremos que la cabra y el repollo pueden coexistir sin riesgo, si está Josué presente, al igual que el perro y la cabra.
c) Asumiremos que dos variables coexisten si valen lo mismo, por ejemplo si P = 1 y C = 1, es una situación de riesgo, al igual que si P = 0 y C = 0.

J	C	R	P	LED
0	0	0	0	0
0	0	0	1	0
0	0	1	0	0
0	0	1	1	0
0	1	0	0	0
0	1	0	1	1
0	1	1	0	1
0	1	1	1	1
1	0	0	0	1
1	0	0	1	1
1	0	1	0	1
1	0	1	1	0
1	1	0	0	1
1	1	0	1	0
1	1	1	0	0
1	1	1	1	0

Pablo Recabarren

Y su diagrama o mapa de Karnaugh

JC\\RP	00	01	11	10
00				1
01		1		1
11		1		
10		1		1

De donde obtenemos la expresión

$$LED = J\overline{CR} + J\overline{CP} + \overline{J}CR + \overline{J}PC$$

Trabajamos algebraicamente esta expresión

$$LED = J\overline{CR} + J\overline{CP} + \overline{J}CR + \overline{J}PC = J\overline{C}(\overline{R}+\overline{P}) + \overline{J}C(P+R) = J\overline{C}(\overline{P.R}) + \overline{J}C(P+R) = [\overline{J\overline{C}(\overline{P.R})}][\overline{\overline{J}C(P+R)}] =$$

$$[\overline{J\overline{C}(\overline{P.R})}][\overline{\overline{J}C(P+R)}] = [\overline{J\overline{C}} + \overline{(P.R)}][\overline{\overline{J}C} + \overline{(P+R)}]$$

Y procedemos a la implementación circuital de la expresión

$$[\overline{J\overline{C}} + \overline{(P.R)}][\overline{\overline{J}C} + \overline{(P+R)}]$$

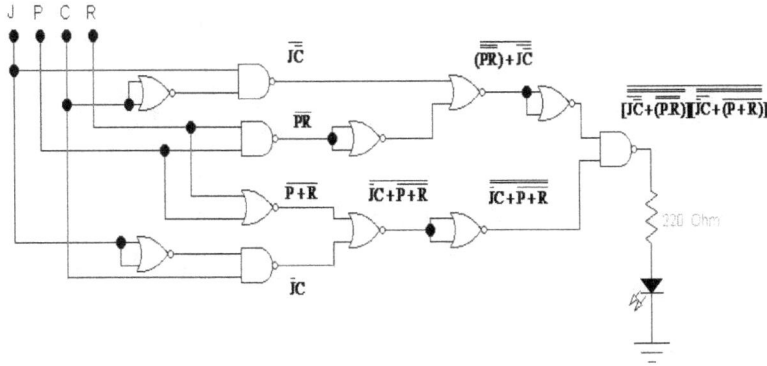

Con lo que nuestro problema queda resuelto mediante el empleo de dos circuitos integrados de 4 compuertas NOR y uno de 4 compuertas NAND.

ALGO MAS SOBRE MAPAS DE KARNAUGH-VEITCH

Volviendo sobre el uso de los mapas de Karnaugh-Veitch, para simplificación de funciones lógicas.

Introduccion a la Electronica Digital

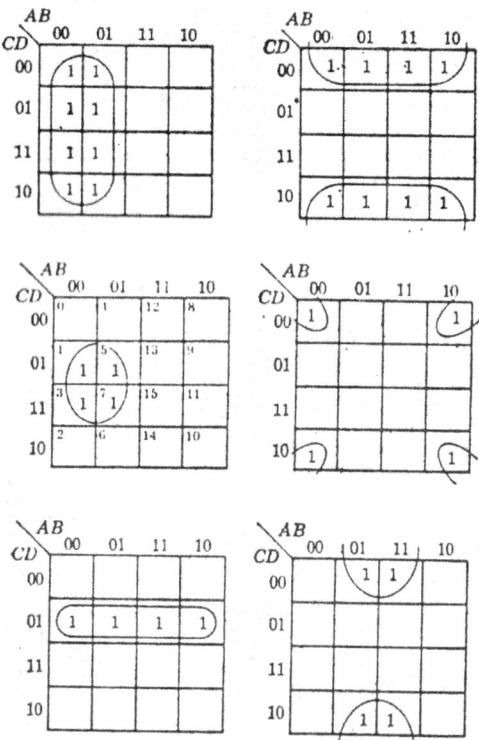

Figura . Algunas formas de agrupar "1"s en mapas de Karnaugh de 4 variables.

Vamos a poner dentro de cada casilla la numeración en decimal correspondiente a los números binarios identificatorios de cada posición del mapa. Se insiste en destacar el concepto de "adyacencia" de que deben gozar estas posiciones, en lo espacial, y desde el punto de vista el álgebra de Boole, en la que entre una posición y otra adyacente, sólo debe cambiar el valor de una variable por vez. De este modo, la cuadrícula 4, es adyacente a la 12, y no a la 8 como se podría suponer.

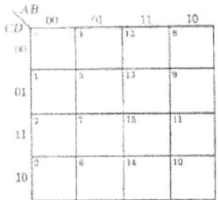

Figura. Mapa K de 4 variables.

Note que entre el 4 (0100) y el 12 (1100), cambia el bit más significativo, mientras que entre el 4 (0100) y el 8 (1000) cambian los dos bits más significativos. Esta premisa debe respetarse para la construcción de un mapa de Karnaugh-Veitch, Karnaugh, o simplemente mapa K. Observe en las figuras anteriores la adyacencia entre las posiciones de los vértices, como así también en el caso de las columnas y filas exteriores.

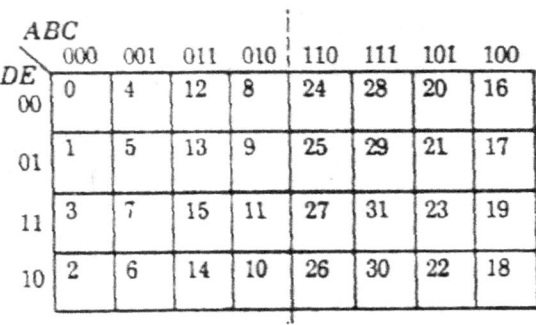

Figura . Mapas K, de 5 variables.

Figura . Mapas K, de 5 variables.

Introduccion a la Electronica Digital

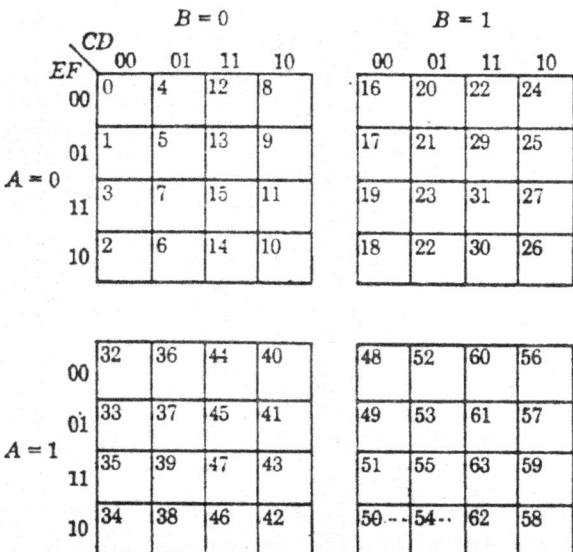

Figura . Mapa K de 6 variables.

APLICACIONES DE MULTIPLEXORES Y DEMULTIPLEXORES

Multiplexores y demultiplexores son útiles para sintetizar funciones combinacionales, dado que las entradas en los primeros, y las salidas en los segundos, son representativas de las diferentes combinaciones de una función expandida en suma de productos (minterms). En este tratamiento, y a menos que se indique lo contrario, trabajaremos en lógica positiva.

Supongamos la función :

$Y = a + \bar{b}.c$

A la que expandimos en suma de productos para poner en evidencia los términos que hacen "1" a la salida.

$Y = a + \bar{b}.c = a.b.c + a.\bar{b}.c + a.\bar{b}.\bar{c} + a.b.\bar{c} + \bar{a}.\bar{b}.c$

Si empleamos un multiplexor, se trata de poner a "1" las entradas correspondientes con estos términos, como se muestra en el diagrama.

27

Y si empleamos un demultiplexor, sumaremos los términos correspondientes mediante una compuerta, con lo que tenemos la función Y(a,b,c) a su salida.

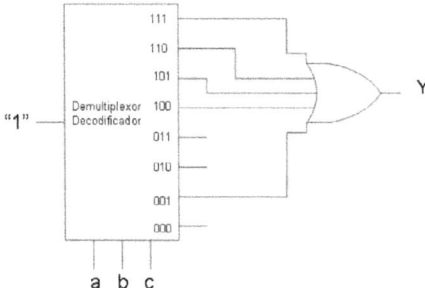

CIRCUITOS COMBINACIONALES MULTIFUNCION

Hemos visto el tratamiento de funciones que presentaban varias entradas, o variables independientes, y una única salida. Cuando tenemos mas de una función de salida, decimos que el sistema digital es del tipo MULTIFUNCION.

El procedimiento general es el mismo, aunque se agregan algunas técnicas que permiten disminuir la cantidad de componentes a emplear.

A modo de ejemplo analizaremos el caso de un decodificador BCD-7 segmentos. Se trata de un circuito combinacional que cumple con la función de presenta a sus 7 u 8 salidas, los niveles de tensión adecuados para que en un display de LEDs de 7 segmentos, se enciendan las combinaciones de segmentos correspondientes a las respectivas combinaciones BCD (Binary Coded Decimal) de sus 4 entradas.

Un display de 7 segmentos es un componente optoelectrónico consistente en un arreglo de 7 u 8 diodos LED, dispuestos como se muestra en la figura, los cuales suelen venir en dos formatos principales, con su cátodo común, o con su anodo común, según de que lado de los diodos esten unidos. De acuerdo a que sean de uno u otro tipo, para encender cada LED se necesitará un nivel de tensión alto (cátodo común), o un nivel bajo (ánodo común).

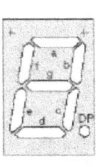

Disposición de segmentos en un display de 7 segmentos.

Introduccion a la Electronica Digital

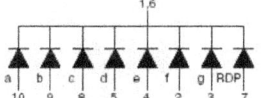

Common Cathode R/H Decimal point

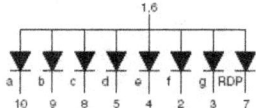

Common Anode R/H Decimal point

Supondremos que empleamos un display de 7 segmentos de cátodo común, por lo que necesitamos "1"s lógicos a la entrada del segmento que queremos encender (lógico positiva).

Armamos la tabla de verdad que describe al circuito que debemos implementar.

A	B	C	D	a	b	c	d	e	f	g
0	0	0	0	1	1	1	1	1	1	0
0	0	0	1	0	1	1	0	0	0	0
0	0	1	0	1	1	0	1	1	0	1
0	0	1	1	1	1	0	1	1	0	1
0	1	0	0	0	1	1	0	0	1	1
0	1	0	1	1	0	1	1	0	1	1
0	1	1	0	1	0	1	1	1	1	1
0	1	1	1	1	1	1	0	0	0	0
1	0	0	0	1	1	1	1	1	1	1
1	0	0	1	1	1	1	1	0	1	1
1	0	1	0	X	X	X	X	X	X	X
1	0	1	1	X	X	X	X	X	X	X
1	1	0	0	X	X	X	X	X	X	X
1	1	0	1	X	X	X	X	X	X	X
1	1	1	0	X	X	X	X	X	X	X
1	1	1	1	X	X	X	X	X	X	X

Asumimos que nuestro decodificador de BCD a 7 segmentos no recibirá nunca a sus entradas las combinaciones desde el 1010, al 1111, por lo que sus salidas se consideran "Condiciones sin Cuidado = X", en la certeza de que no se presentaran tales combinaciones. Esto es de mucha utilidad para obtener funciones más sencillas.

Hacemos los mapas K, de las funciones de salida...

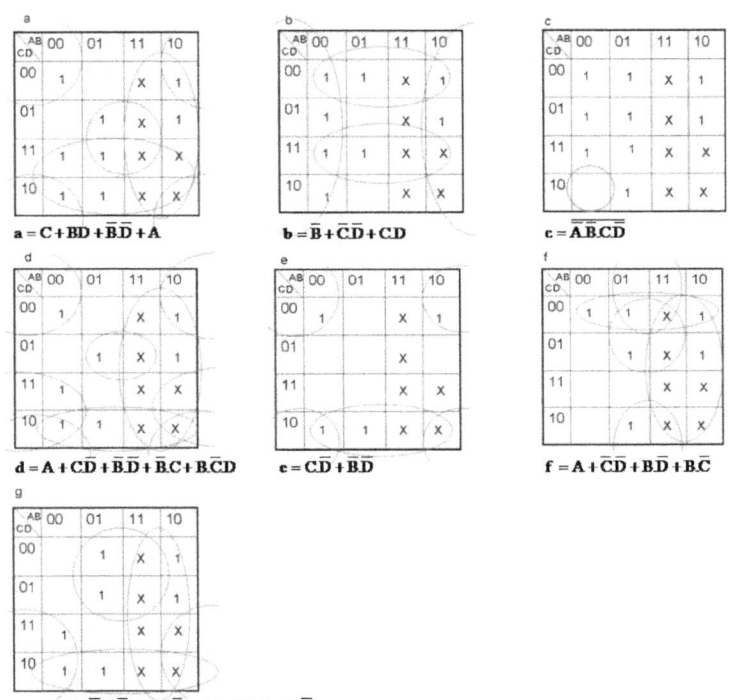

$a = C + B.D + \overline{B}.\overline{D} + A$

$b = \overline{B} + \overline{C}.\overline{D} + C.D$

$c = \overline{A.B.C.D}$

$d = A + C.\overline{D} + \overline{B}.\overline{D} + \overline{B}.C + B.\overline{C}.D$

$e = C.\overline{D} + \overline{B}.\overline{D}$

$f = A + \overline{C}.\overline{D} + B.\overline{D} + B.\overline{C}$

$g = A + C.\overline{D} + \overline{B}.C + B.\overline{C} = A + B \oplus C + C.\overline{D}$

En la síntesis de circuitos digitales multifunción se tiene en cuenta que similares configuraciones topológicas en el mapa de Karnaugh, se corresponden con terminos iguales, y por ende, con configuraciones circuitales iguales. Es importante detectar estas similitudes ya que nos permiten ahorrar componentes en razón de que una misma configuración circuital puede ser utilizada por diferentes funciones de salida, implementándosela una sola vez. Suele ser conveniente incluso, no hacer una optimización en una función, si esto conlleva a obtener una configuración igual en mas de una función. La experiencia y la iteración del método con diferentes configuraciones permitirá arribar a soluciones óptimas.

Introduccion a la Electronica Digital

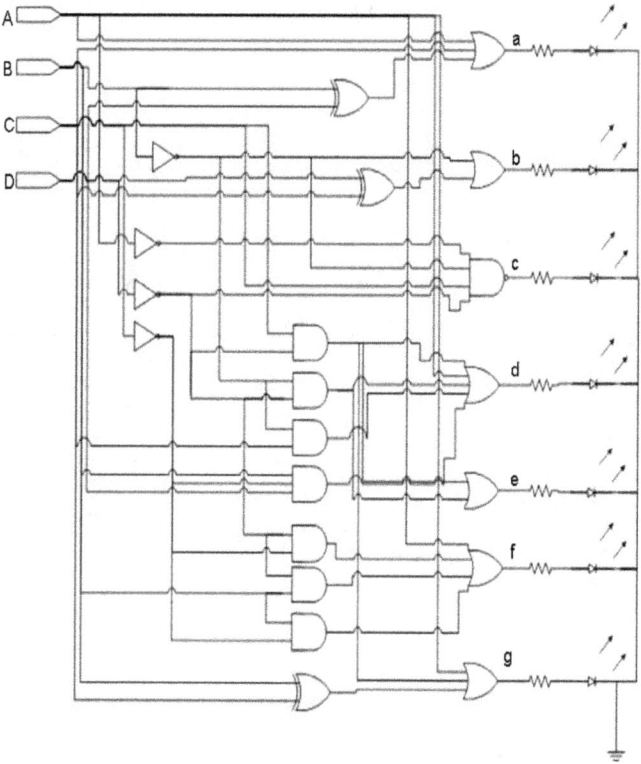

Circuito esquemático del decodificador BCD - 7 segmentos.

CIRCUITOS INTEGRADOS DE BAJA (SSI) Y DE MEDIA ESCALA DE INTEGRACION (MSI)

La integrabilidad es la capacidad de lograr incorporar la mayor cantidad posible de módulos circuitales en la misma pastilla de silicio. Suele evaluarse en cantidad de transistores por área, aunque también suele tomarse como elemento de medida a la compuerta, así decimos que si el circuito integrado tiene hasta 10/12 compuertas integradas, se trata de un circuito SSI (Small Scale of Integration), si supera este valor, pero no llega a 100 compuertas estamos en presencia de un circuito integrado MSI (Medium Scale of Integration). Cantidades mayores de compuertas corresponden a circuitos integrados LSI (Large Scale) y superando las 1000 compuertas , se trata de circuitos VLSI (Very Large Scale). Posteriormente se incorporaron a esta clasificación los circuitos ULSI (Ultra Large Scale), para circuitos integrados con más de 100000 puertas.

Pablo Recabarren

Escalas de Integración
SSI < 12 puertas
MSI < 100 puertas
LSI < 1000 puertas
VLSI > 1000 puertas

Existen diferentes formatos de encapsulado y diferentes materiales de soporte (plástico, cerámicas, etc) con diferentes caractaerísticas según el campo de la aplicación. Estos pueden ser comerciales, militares, científicos, espaciales, lo que conlleva una sustancial mejora en las prestaciones (tolerancia a temperaturas, ruido, vibraciones, frecuencias de trabajo), compañado del consiguiente aumento en el precio del dispositivo.

El encapsulado más familiar, ya que es el que puede ser resuelto por un diseñador particular, sin equipamiento especial es el denominado Dual In Package, o simplemente DIP.

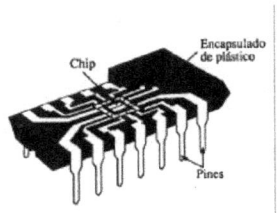

Nótese el area comparativamente pequeña que ocupa la parte útil y funcional del componente y las grandes dimensiones necesarias para el montaje de los pines de conductores metálicos del circuito integrado. La distancia entre pin y pin es de una décima de pulgada, para este formato. En la figura se muestra la convención de numeración de los pines.

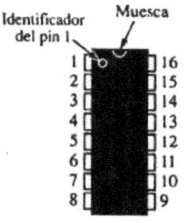

DIP o SOIC

La necesidad de ahorro área de circuito integrado condujo al desarrollo de otras encapsulados como los denominados de *montaje superficial*, aunque para su manipulación se hacen necesarios equipos especiales de soldadura.

Veremos algunos ejemplos de circuitos integrados, comenzando por circuitos integrados SSI:

Introduccion a la Electronica Digital

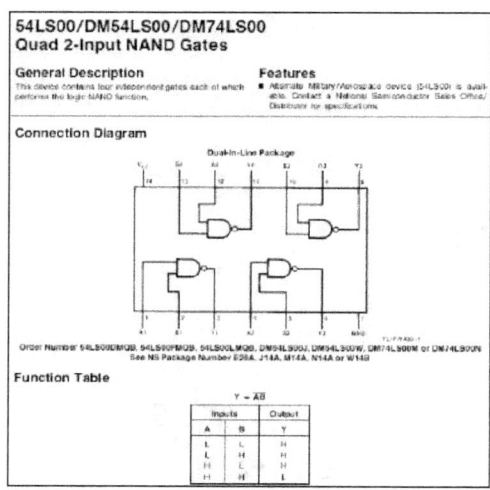

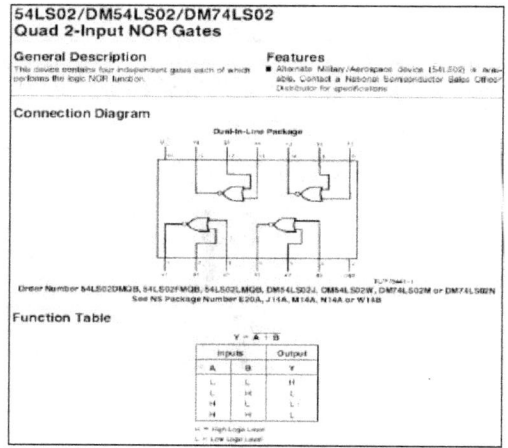

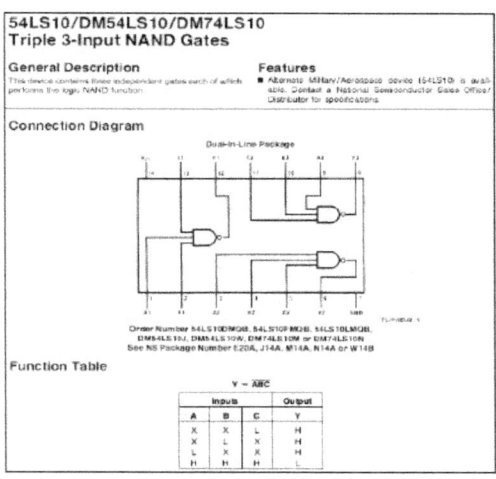

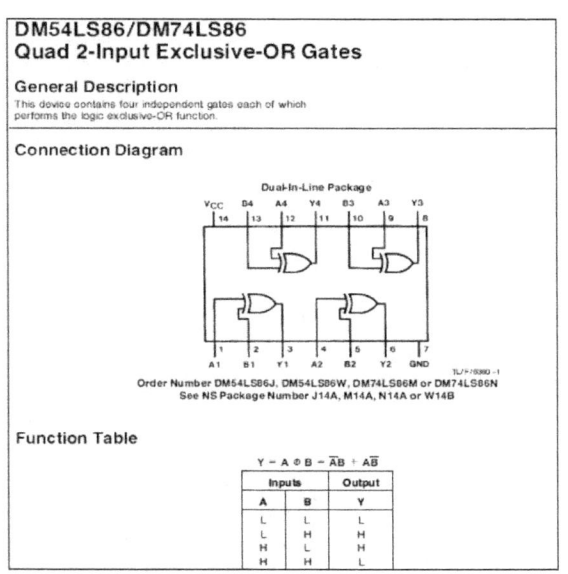

Introduccion a la Electronica Digital

CD4001BC/CD4011BC
Quad 2-Input NOR Buffered B Series Gate • Quad 2-Input NAND Buffered B Series Gate

General Description

The CD4001BC and CD4011BC quad gates are monolithic complementary MOS (CMOS) integrated circuits constructed with N- and P-channel enhancement mode transistors. They have equal source and sink current capabilities and conform to standard B series output drive. The devices also have buffered outputs which improve transfer characteristics by providing very high gain.

All inputs are protected against static discharge with diodes to V_{DD} and V_{SS}.

Features
- Low power TTL: Fan out of 2 driving 74L compatibility, or 1 driving 74LS
- 5V–10V–15V parametric ratings
- Symmetrical output characteristics
- Maximum input leakage 1 µA at 15V over full temperature range

Ordering Code:

Order Number	Package Number	Package Description
CD4001BCM	M14A	14-Lead Small Outline Integrated Circuit (SOIC), JEDEC MS-012, 0.150" Narrow
CD4001BCSJ	M14D	14-Lead Small Outline Package (SOP), EIAJ TYPE II, 5.3mm Wide
CD4001BCN	N14A	14-Lead Plastic Dual-In-Line Package (PDIP), JEDEC MS-001, 0.300" Wide
CD4011BCM	M14A	14-Lead Small Outline Integrated Circuit (SOIC), JEDEC MS-012, 0.150" Narrow
CD4011BCN	N14A	14-Lead Plastic Dual-In-Line Package (PDIP), JEDEC MS-001, 0.300" Wide

Devices also available in Tape and Reel. Specify by appending the suffix letter "X" to the ordering code.

Connection Diagrams

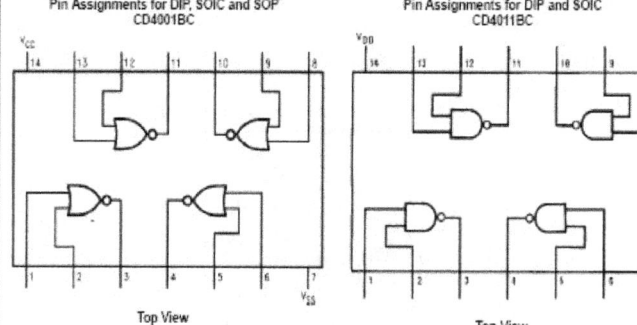

Pin Assignments for DIP, SOIC and SOP — CD4001BC — Top View
Pin Assignments for DIP and SOIC — CD4011BC — Top View

CIRCUITOS DE ESCALA DE INTEGRACION MEDIA

Se trata de circuitos que realizan funciones mas complejas que los SSI, dedicados a propósitos más específicos. Dentro de esta clasificación se encuentran multiplexores, demultiplexores, decodificadores, sumadores, comparadores, etc.

Pablo Recabarren

Se presentan aquellos cuyo uso es de mayor difusión, aunque las diferentes aplicaciones determinan cuales deben ser usados. Son de especial atención los multiplexores y los decodificadores, ya que nos dan una interesante posibilidad de sintetizar funciones combinacionales, mediante el empleo de pocos CI's.

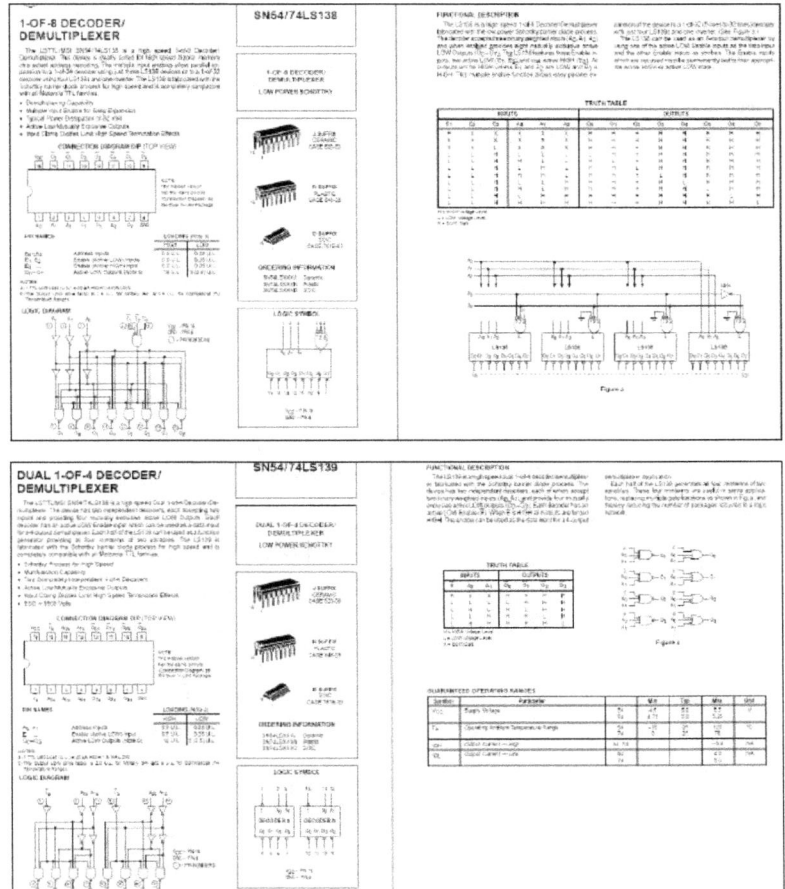

Introduccion a la Electronica Digital

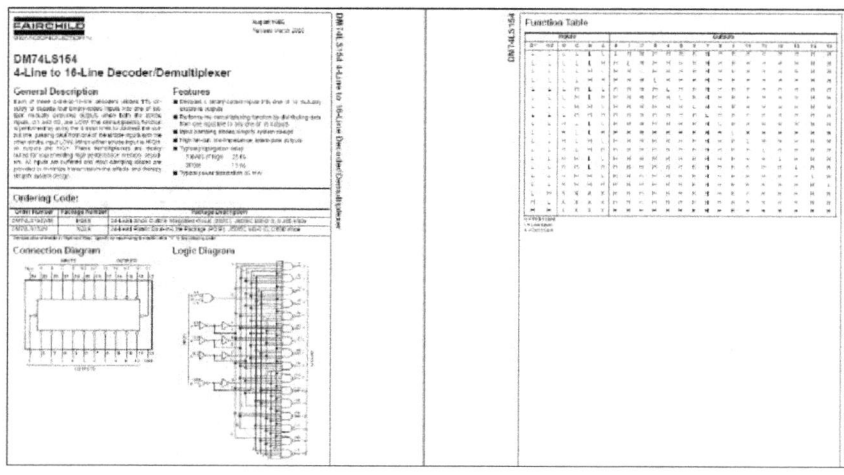

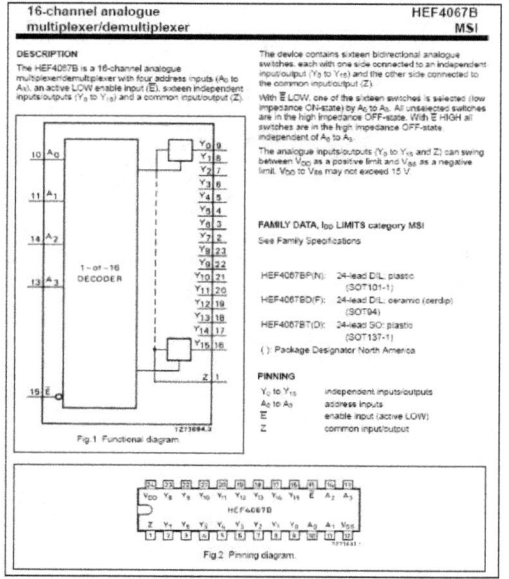

Pablo Recabarren

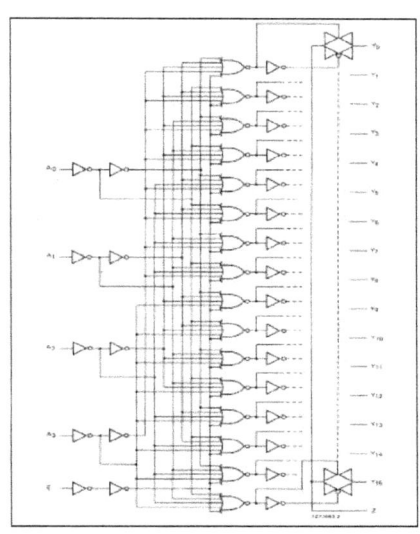

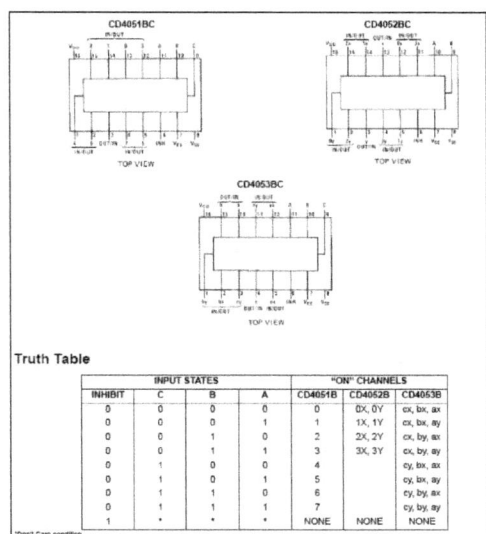

Truth Table

INPUT STATES				"ON" CHANNELS		
INHIBIT	C	B	A	CD4051B	CD4052B	CD4053B
0	0	0	0	0	0X, 0Y	cx, bx, ax
0	0	0	1	1	1X, 1Y	cx, bx, ay
0	0	1	0	2	2X, 2Y	cx, by, ax
0	0	1	1	3	3X, 3Y	cx, by, ay
0	1	0	0	4		cy, bx, ax
0	1	0	1	5		cy, bx, ay
0	1	1	0	6		cy, by, ax
0	1	1	1	7		cy, by, ay
1	*	*	*	NONE	NONE	NONE

*Don't Care condition.

Introduccion a la Electronica Digital

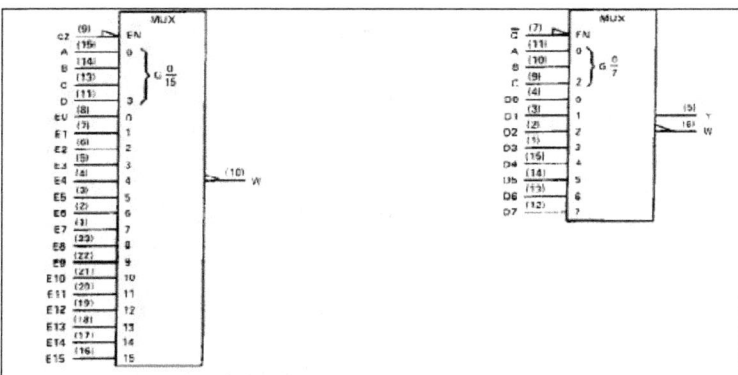

symbols are in accordance with ANSI/IEEE Std. 91-1984 and IEC Publication 617-12.
bers shown are D, J, N, and W packages.

'150
FUNCTION TABLE

INPUTS					OUTPUT
SELECT				STROBE	W
D	C	B	A	Ḡ	
X	X	X	X	H	H
L	L	L	L	L	E0
L	L	L	H	L	E1
L	L	H	L	L	E2
L	L	H	H	L	E3
L	H	L	L	L	E4
L	H	L	H	L	E5
L	H	H	L	L	E6
L	H	H	H	L	E7
H	L	L	L	L	E8
H	L	L	H	L	E9
H	L	H	L	L	E10
H	L	H	H	L	E11
H	H	L	L	L	E12
H	H	L	H	L	E13
H	H	H	L	L	E14
H	H	H	H	L	E15

'151A, 'LS151, 'S151
FUNCTION TABLE

INPUTS				OUTPUTS	
SELECT			STROBE		
C	B	A	Ḡ	Y	W
X	X	X	H	L	H
L	L	L	L	D0	D̄0
L	L	H	L	D1	D̄1
L	H	L	L	D2	D̄2
L	H	H	L	D3	D̄3
H	L	L	L	D4	D̄4
H	L	H	L	D5	D̄5
H	H	L	L	D6	D̄6
H	H	H	L	D7	D̄7

39

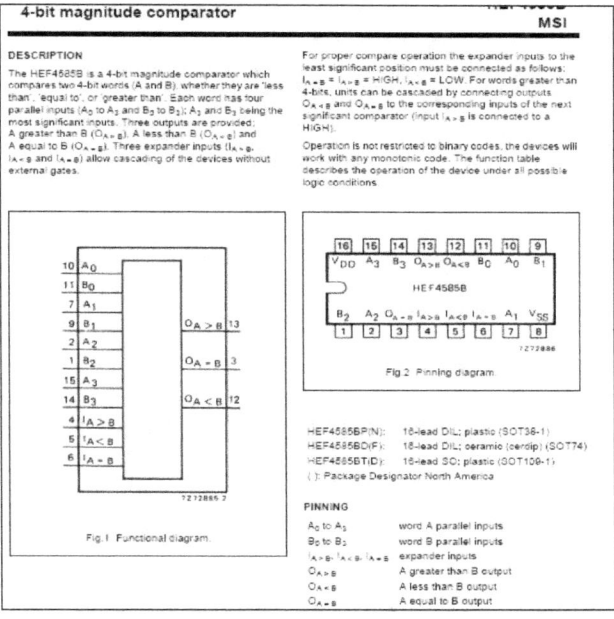

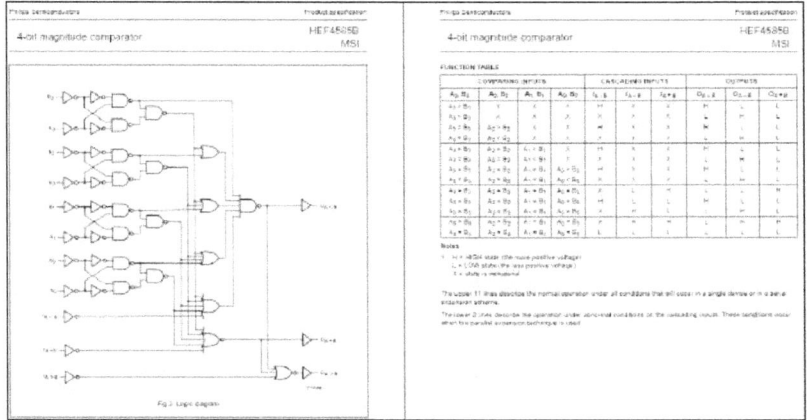

Introduccion a la Electronica Digital

54LS85/DM54LS85/DM74LS85
4-Bit Magnitude Comparators

General Description

These 4-bit magnitude comparators perform comparison of straight binary or BCD codes. Three fully-decoded decisions about two, 4-bit words (A, B) are made and are externally available at three outputs. These devices are fully expandable to any number of bits without external gates. Words of greater length may be compared by connecting comparators in cascade. The A > B, A < B, and A = B outputs of a stage handling less-significant bits are connected to the corresponding inputs of the next stage handling more-significant bits. The stage handling the least-significant bits must have a high-level voltage applied to the A = B input. The cascading path is implemented with only a two-gate-level delay to reduce overall comparison times for long words.

Features

- Typical power dissipation 52 mW
- Typical delay (4-bit words) 24 ns
- Alternate Military/Aerospace device (54LS85) is available. Contact a National Semiconductor Sales Office/Distributor for specifications.

Connection Diagram

Dual-In-Line Package

Order Number 54LS85DMQB,
54LS85FMQB, 54LS85LMQB,
DM54LS85J, DM54LS85W,
DM74LS85M or DM74LS85N
See NS Package Number E20A,
J16A, M16A, N16E or W16A

Function Table

Comparing Inputs				Cascading Inputs			Outputs		
A3, B3	A2, B2	A1, B1	A0, B0	A > B	A < B	A = B	A > B	A < B	A = B
A3 > B3	X	X	X	X	X	X	H	L	L
A3 < B3	X	X	X	X	X	X	L	H	L
A3 = B3	A2 > B2	X	X	X	X	X	H	L	L
A3 = B3	A2 < B2	X	X	X	X	X	L	H	L
A3 = B3	A2 = B2	A1 > B1	X	X	X	X	H	L	L
A3 = B3	A2 = B2	A1 < B1	X	X	X	X	L	H	L
A3 = B3	A2 = B2	A1 = B1	A0 > B0	X	X	X	H	L	L
A3 = B3	A2 = B2	A1 = B1	A0 < B0	X	X	X	L	H	L
A3 = B3	A2 = B2	A1 = B1	A0 = B0	H	L	L	H	L	L
A3 = B3	A2 = B2	A1 = B1	A0 = B0	L	H	L	L	H	L
A3 = B3	A2 = B2	A1 = B1	A0 = B0	L	L	H	L	L	H
A3 = B3	A2 = B2	A1 = B1	A0 = B0	X	X	H	X	X	H
A3 = B3	A2 = B2	A1 = B1	A0 = B0	H	H	L	L	L	L
A3 = B3	A2 = B2	A1 = B1	A0 = B0	L	L	L	H	H	L

54LS83A/DM54LS83A/DM74LS83A
4-Bit Binary Adders with Fast Carry

General Description

These full adders perform the addition of two 4-bit binary numbers. The sum (Σ) outputs are provided for each bit and the resultant carry (C4) is obtained from the fourth bit. These adders feature full internal look ahead across all four bits. This provides the system designer with partial look-ahead performance at the economy and reduced package count of a ripple-carry implementation.

The adder logic, including the carry, is implemented in its true form meaning that the end-around carry can be accomplished without the need for logic or level inversion.

Features

- Full-carry look-ahead across the four bits
- Systems achieve partial look-ahead performance with the economy of ripple carry
- Typical add times
  Two 8-bit words 25 ns
  Two 16-bit words 45 ns
- Typical power dissipation per 4-bit adder 95 mW
- Alternate Military/Aerospace device (54LS83A) is available. Contact a National Semiconductor Sales Office/Distributor for specifications.

Connection Diagram

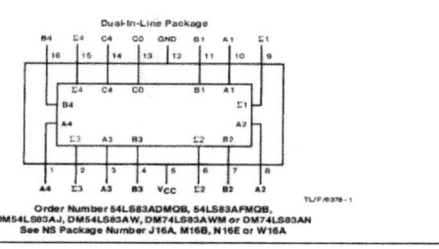

Dual-In-Line Package

Order Number 54LS83ADMQB, 54LS83AFMQB,
DM54LS83AJ, DM54LS83AW, DM74LS83AWM or DM74LS83AN
See NS Package Number J16A, M16B, N16E or W16A

Pablo Recabarren

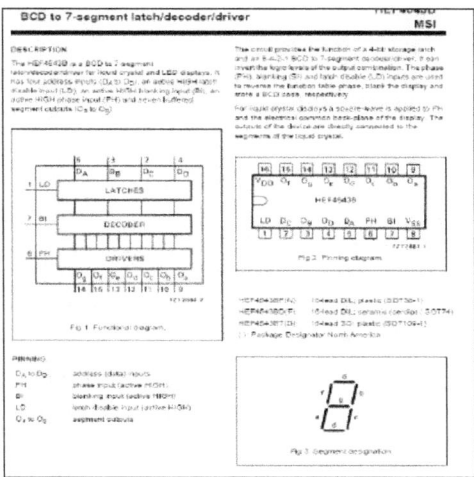

Introduccion a la Electronica Digital

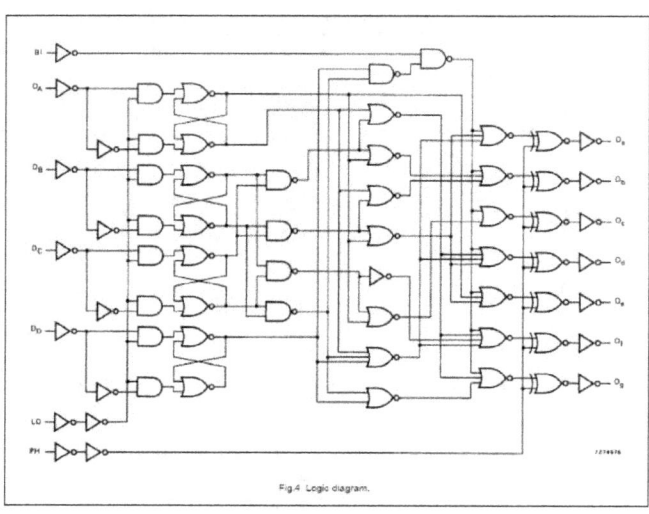

Fig.4 Logic diagram.

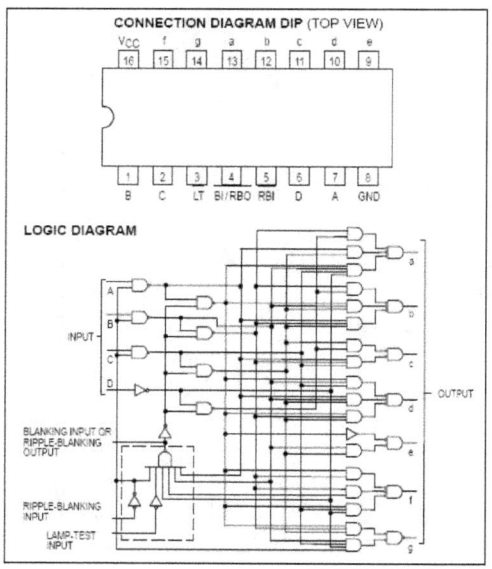

43

TRUTH TABLE SN54/74LS48

DECIMAL OR FUNCTION	INPUTS							OUTPUTS							NOTE
	LT	RBI	D	C	B	A	BI/RBO	a	b	c	d	e	f	g	
0	H	H	L	L	L	L	H	H	H	H	H	H	H	L	1
1	H	X	L	L	L	H	H	L	H	H	L	L	L	L	1
2	H	X	L	L	H	L	H	H	H	L	H	H	L	H	
3	H	X	L	L	H	H	H	H	H	H	H	L	L	H	
4	H	X	L	H	L	L	H	L	H	H	L	L	H	H	
5	H	X	L	H	L	H	H	H	L	H	H	L	H	H	
6	H	X	L	H	H	L	H	L	L	H	H	H	H	H	
7	H	X	L	H	H	H	H	H	H	H	L	L	L	L	
8	H	X	H	L	L	L	H	H	H	H	H	H	H	H	
9	H	X	H	L	L	H	H	H	H	H	L	L	H	H	
10	H	X	H	L	H	L	H	L	L	L	H	H	L	H	
11	H	X	H	L	H	H	H	L	L	H	H	L	L	H	
12	H	X	H	H	L	L	H	L	H	L	L	L	H	H	
13	H	X	H	H	L	H	H	H	L	L	H	L	H	H	
14	H	X	H	H	H	L	H	L	L	L	H	H	H	H	
15	H	X	H	H	H	H	H	L	L	L	L	L	L	L	
BI	X	X	X	X	X	X	L	L	L	L	L	L	L	L	2
RBI	H	L	L	L	L	L	L	L	L	L	L	L	L	L	3
LT	L	X	X	X	X	X	H	H	H	H	H	H	H	H	4

NOTES:
(1) BI/RBO is wired-AND logic serving as blanking input (BI) and/or ripple-blanking output (RBO). The blanking out (BI) must be open or held at a HIGH level when output functions 0 through 15 are desired, and ripple-blanking input (RBI) must be open or at a HIGH level if blanking of a decimal 0 is not desired. X=input may be HIGH or LOW
(2) When a LOW level is applied to the blanking input (forced condition) all segment outputs go to a LOW level, regardless of the state of any other input condition.
(3) When ripple-blanking input (RBI) and inputs A, B, C, and D are at LOW level, with the lamp test input at HIGH level, all segment outputs go to a HIGH level and the ripple-blanking output (RBO) goes to a LOW level (response condition).
(4) When the blanking input/ripple-blanking output (BI/RBO) is open or held at a HIGH level, and a LOW level is applied to lamp-test input, all segment outputs go to a LOW level

2
CIRCUITOS DIGITALES SECUENCIALES

Edward Forrest Moore, (23 de noviembre de 1925, Baltimore – 14 de Junio del 2003), fue Profesor de matematicas y ciencias de la computación y el inventor de las máquinas de estado finitas que llevan su nombre. Se graduó en Química en el Instituto Politécnico de Virgina, en Blacksburg en 1947 y obtuvo su doctorado en matematicas en la Universidad de Brown, en Providence, en Junio de 1950 Estuvo en el MIT y en Harvard. Trabajó en Laboratorios Bell por mas de 10 años, hasta obtener su posición como Profesor en la Universidad de Winsconsin-Madison en 1966, hasta que se retiró en 1985. Trabajó con Claude Shannon.

George H. Mealy fué Profesor de la Universidad de Harvard. Trabajando para los Laboratorios Bell desarrolló el sistema operativo del computador IBM 704. En 1955 publicó su Método de Síntesis de Circuitos Secuenciales, trabajo por el que se lo conoce en el mundo de los circuitos digitales.

TEORIA DE AUTOMATAS

Definimos a un circuito digital combinacional, como aquel circuito en el que la, o las salidas, son funciones de la combinación de variables de entrada. Esto implica que no importa el orden en que las entradas se van presentando, sino solamente, su combinación en cada momento.

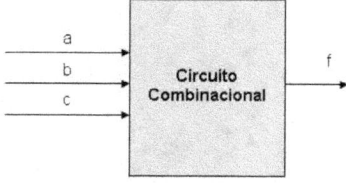

$f = f(a,b,c)$

Si se realimenta la salida, a alguna entrada del combinacional, la salida f será función de las entradas a y b, y del estado anterior de f, que se realimenta en la entrada c. Esto puede implicar un cambio en f, el cual a su vez, producirá un eventual cambio en f. El aspecto temporal empieza a ser importante y es gravitante en el estado de la salida, la sucesión u orden en que los valores se han ido presentando. Este comportamiento es propio de un circuito digital secuencial.

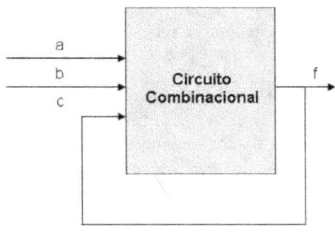

$$f = f(a,b,c) = f[\,a,\,b,\,f(t\text{-}1)]$$

En la que f(t-1) es el estado "anterior" de la salida f, antes de ser realimentada.
En un circuito digital secuencial, la salida es función de la combinación de variables de entrada, y del orden o secuencia, en que éstas se presentan.

AUTOMATAS DIGITALES o MAQUINAS DE ESTADO.

Entendemos por Circuitos Electrónicos Secuenciales a aquellos circuitos electrónicos en los que las salidas no solamente dependen de la combinación de las variables de entrada, sino también, del orden o secuencia en que las mismas se fueron presentando. Esto los distingue de los circuitos combinacionales. En rigor, en muchos sistemas secuenciales ni siquiera existen variables externas, sino que el circuito evoluciona temporalmente siguiendo secuencias en forma automática, razón por la que también se les llama Autómatas.

Es muy importante distinguir entre variables externas y variables internas, o de estado, o variables de estado internas.

La forma circuital general de un autómata es como se muestra en la figura. Vemos que existe, en el caso mas general, aunque puede no haberlo, un circuito combinacional de entrada.

El corazón del esquema es el circuito secuencial, basado en biestables (flip-flops), el que evoluciona temporalmente, conociéndose como "estados" a los diferentes estadíos dados por las salidas Qn de los n flip flops. Los diferentes estados se asocian con diferentes valores de las salidas Q, y no deben haber estados diferentes con combinaciones de los Q repetidas. A los valores de los Q's se les llama "variables de estado", o "variables de estado internas", ya que no necesariamente muestran sus efectos en la salida del sistema, aunque son la que marcan las evoluciones de un estado dado al estado siguiente. Cuando existen variables externas, éstas son tomadas como elementos de toma de decisión para la evolución de un estado a otro.

Finalmente, puede presentarse un circuito combinacional de salida, que es el caso mas general, aunque éste puede no existir en algunas formas circuitales.

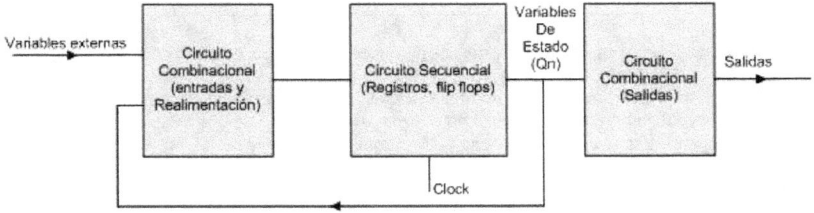

Introduccion a la Electronica Digital

Los circuitos digitales secuenciales, o autómatas, también se conocen como "máquinas de estado" y usaremos cualquiera de estas denominaciones para referirnos a ellos.

Estas Maquinas de Estado o Autómatas pueden encontrarse bajo dos formas fundamentales: Autómatas o Máquinas de Mealy, o de Moore.

Es interesante tener en cuenta de que una misma aplicación puede resolverse bajo cualquiera de estas formas, aunque el tipo de autómata elegido le dará al diseño características diferentes, en cuanto a su comportamiento, las que se tratarán con mas detalle a continuación.

AUTOMATAS DE MOORE.

Lo que se conoce como autómata o forma de Moore es un circuito secuencial en el que la salida o salidas del sistema no dependen directamente de la (o las) variables de entrada o variables externas. Las salidas dependen solamente de las variables de estado interna (los Q´s de los flip flops).

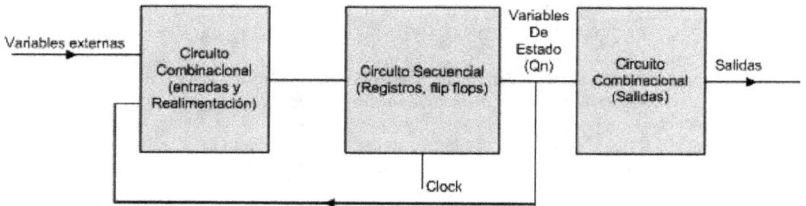

Forma básica de Moore

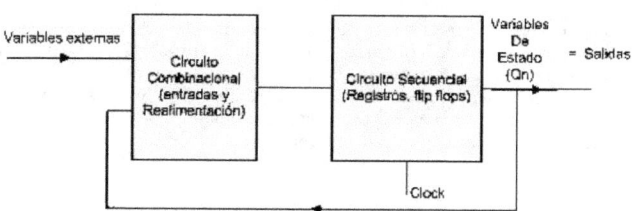

Forma de Moore en las que las variables de estado interna, son las salidas del sistema.

Se muestran dos formas típicas de Moore, una de las cuales lleva un combinacional de salida y otra, en la que tal circuito combinacional no es necesario.

Las salidas son sincrónicas, ya que no se producen cambios en las mismas que no estén sincronizados con la actuación del reloj. Las formas de Moore son mas elaboradas y menos intempestivas en cuanto a su actuación que las formas de Mealy.

Una característica interesante y muy distintiva de las formas de Mealy, es que existen aplicaciones de circuitos tipo Moore que no tienen entradas o variables externas, cosa que no puede ocurrir con los autómatas de Mealy.

Un semáforo común de tráfico vehicular es un típico ejemplo de una forma de Moore, en donde no hay variables externas y el sistema evoluciona de estado en estado, no siendo esta evolución necesariamente evidente el paso de un estado a otro mediante la observación de los estados de las salidas (luces del semáforo). Dicho mas claramente, las luces pueden estar durante varios ciclos de reloj, por ejemplo en verde, mientras se ha evolucionado internamente pasando por varios estados. Las salidas no son necesariamente una demostración de los cambios de las variables de estado internas (Q's de los flip flops), pero todo cambio en cualquier salida, necesariamente debe estar sincronizada por la actuación del reloj.

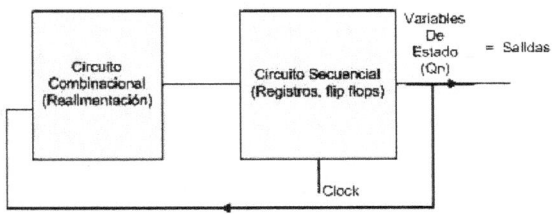

Forma de Moore, sin variable externa de entrada.

AUTOMATAS DE MEALY

Un semáforo con pulsador para peatones, debe implementarse como un sistema de variable externa, y en ese caso ya puede ser diseñado como un autómata de Mealy. Si bien esto es posible, debería analizarse la conveniencia de hacerlo de ese modo. Pensemos simplemente en el caos vehicular que podría ocurrir si al pulsar el botón peatonal, las luces (salidas) cambiaran, sin mediar estados intermedios controlados por la actuación del reloj del sistema. Podemos cerrar el ejemplo diciendo que seria conveniente diseñar un semáforo con pulsador de peatones, como un circuito de Moore, aunque es posible hacerlo como un Mealy.

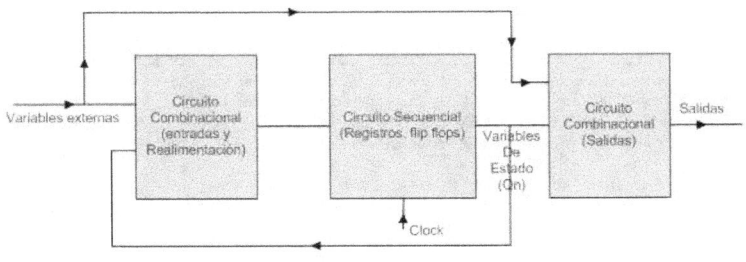

Autómata de Mealy

Introduccion a la Electronica Digital

La figura muestra un esquema de un circuito tipo Mealy, adonde se ve que la variable externa es entrada del circuito combinacional de salida. Esto puede traer como consecuencia de que un cambio en la (o las) variables de entrada del sistema, provoquen cambios inmediatos (no sincronizados), en las salidas del sistema. Esto describe el comportamiento típico de Mealy. No necesariamente esto es indeseable, sino que depende de la aplicación que se diseña. Por ejemplo, si se diseña la actuación de un esquema de seguridad en el circuito (parada de emergencia de un puente grua), sería deseable que la actuación del botón de parada de emergencia sea lo más rápida posible y que esto sea evidente en la salida del sistema (movimiento del puente grúa), sin mediar más tiempo del estrictamente necesario, ni estados intermedios.

Los circuitos de Mealy son de actuación más intempestiva e inmediata y es el tipo de aplicación el que determinará el empleo de una forma de Mealy o de Moore.

La siguiente figura muestra una forma de Mealy, en la que las salidas del sistema se sincronizan, a posteriori, mediante una etapa de registro (flip flops). Aunque se soluciona lo de la sincronización de las salidas, no deja de ser una forma de Mealy.

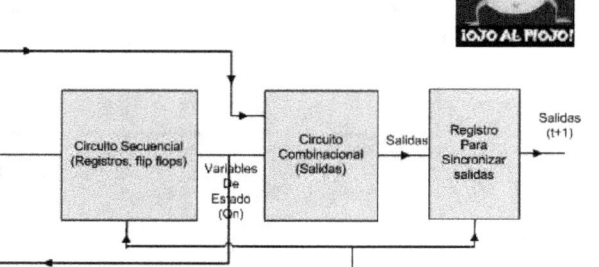

Autómata de Mealy sincronizado a la salida.

CIRCUITOS OSCILADORES BIESTABLES O FLIP FLOPS

Se considera a la salida de un circuito como estable, si la salida se mantiene en el tiempo, sin necesidad de ningún tipo de intervención. Si un circuito digital realimentado puede estar con su salida en alto, o en bajo, y permanecer en el estado de que se trate a lo largo del tiempo, decimos que es un oscilador biestable ya que sus dos posibles estados de salida, son estables.

Si un circuito tiene su salida en un estado dado, y al cabo de un tiempo, sin necesidad de intervención externa el circuito cambia de estado por sí sólo, decimos que se trata de un oscilador monoestable, presentando un estado estable y un estado no estable o astable. Este es el caso de los circuitos temporizadores, en los que la salida se mantiene en su estado astable un cierto tiempo, al cabo del cual la salida cambia al estado estebla adonde permanecerá hasta que se lo cambie mediante algun tipo de intervención externa.

Si el circuito no presenta ningún estado estable y sin intervención alguna, su salida cambia permanentemente de estado, el circuito presenta dos estados astables y le llamamos oscilador astable. Este último tipo de circuitos, es lo que normalmente empleamos como reloj de un sistema secuencial.

Analizamos el siguiente circuito, el que presenta dos salidas, ambas realimentadas a las entradas de las compuertas.

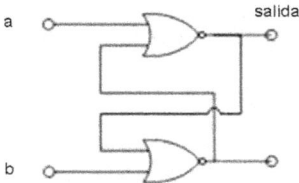

a	b	Out (t)	Out (t+1)
0	0	0	0
0	0	1	1
0	1	0	1
0	1	1	1
1	0	0	0
1	0	1	0
1	1	0	0
1	1	1	0

Tabla de verdad del biestable de la figura.

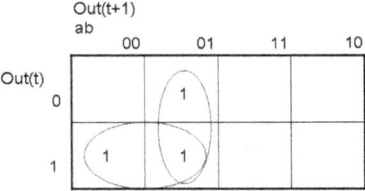

$$Out(t+1) = \bar{a}.b + \bar{a}.Out(t) = \bar{a}.(b+Out(t)) = \overline{a}.\overline{(b+Out(t))} = \overline{a + \overline{b+Out(t)}} = \overline{a + \overline{b} + \overline{Out(t)}}$$

O lo que es igual a:

a	b	Out(t+1)
0	0	Out(t)
0	1	1
1	0	0
1	1	¿?

Vemos que en lógica positiva, si a=1, implica que la salida se pone en 0, luego se lo suele llamar R (por Reset), y si b=1, la salida es "1", por lo que se le denomina S (por set). Y a este componente biestable, es denominado Flip – Flop. En este caso se trata de un Flip Flop SR. Analizando comparativamente el estado de las dos salida, se observa que son complementarias a excepción de cuando sus dos entradas son "1", por lo que esta combinación no es utilizada. Reemplazando los a y b, por R y S, y asumiendo que no se debe emplear la combinación a=1, b=1 (condiciones sin cuidado), replanteamos el mapa y obtenemos la expresión del Flip Flop SR de compuertas NOR,

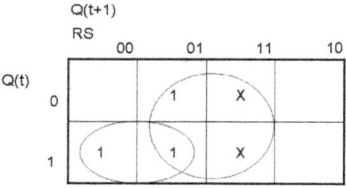

$Q(t+1) = S + \overline{R}.Q(t)$, en donde debe cumplirse que $S.R = 0$
ecuación que adoptamos como expresión general para este Flip-Flop.

TABLA DE TRANSICIONES DEL FLIP FLOP SR

Es importante poder definir, a partir de la tabla de verdad, la denominada tabla de transiciones del flip flop . Esta ultima es de especial aplicación en el diseño de circuitos, tanto como la tabla de verdad es útil en el análisis de los mismos. La tabla de transiciones nos da el valor que deben tener las entradas, para obtener una determinada transición de valores a la salida.

Q(t)	Q(t+1)	S	R
0	0	0	X
0	1	1	0
1	0	0	1
1	1	X	0

A modo de ejercicio, se propone un análisis similar para el Flip Flop SR, de compuertas NAND de la figura, teniendo en cuenta que las entradas deben ser complementarias con respecto a las del Flip Flop de compuertas NOR, y la condición no permitida es que a y b, no pueden ser simultáneamente "0", ya que no nos darían salidas Q complementarias.

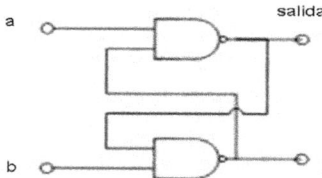

Pablo Recabarren

ELIMINADOR DE REBOTES

Una aplicación del Flip Flop SR, es la eliminación de rebotes en una llave. Si bien esto puede parecer de poca importancia, no lo es tanto ya que son innumerables los circuitos en donde encontramos este tipo de llave, afectando a circuitos secuenciales, con la consiguiente posibilidad de fallos debidos al problema que se detalla a continuación. Toda red tiene capacidades e inductancias distribuidas, no deseadas en la mayoría de los casos, que pueden producir oscilaciones transitorias que son función de esos parámetros R, L y C presentes.

En la figura se ve a una llave que pasa de un valor de tensión bajo, a uno alto, tal y como puede ser el hecho de querer poner a "1", a un circuito que está en "0" logico. Tanto por los parámetros distribuidos en la red, como por causas mecánicas, se generan oscilaciones, o rebotes, en forma transitoria (unos pocos milisegundos), pero que pueden ser "leidos" por los circuitos secuenciales, sobre todo si se basan en familias de componentes rápidas.

La forma de onda de establecimiento de la tensión, lejos de ser un escalón, como sería deseable, tiene la forma que se representa.

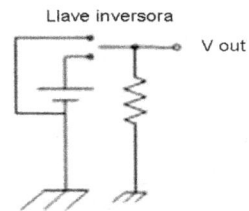

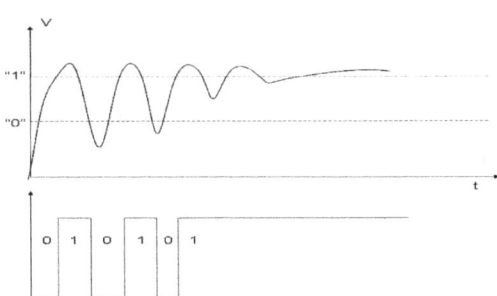

La tensión pasa por los umbrales correspondientes al cero lógico y al uno lógico, sucesivamente, hasta alcanzar valores de régimen. Sin embargo, a pesar de que se alcanza un valor estable adecuado, antes de alcanzarlo, los circuitos secuenciales acometidos por este señal, pueden recibir una sucesión de unos y ceros, cuando se pretendía solamente pasar de cero a uno (escalón). Esto genera malfuncionamiento de estos circuitos, por lo que estos "rebotes" deben eliminarse.

Introduccion a la Electronica Digital

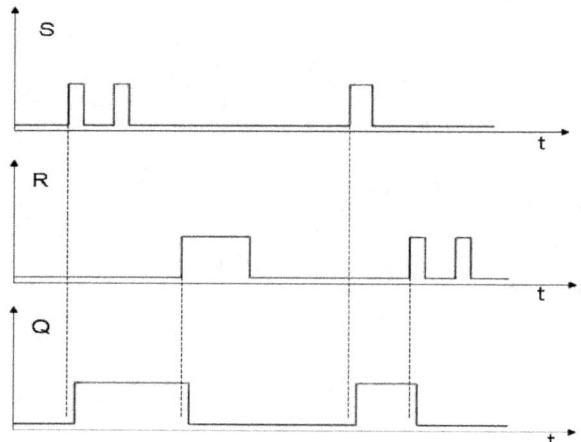

Los circuitos de aplicación, según se trate de uno u otro tipo de compuertas son:

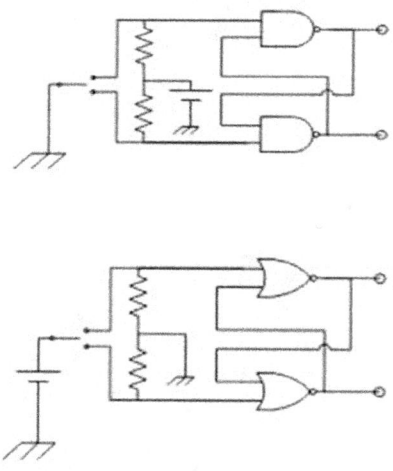

Pablo Recabarren

FLIP FLOP SR SINCRONIZADO

El orden en el que se establecen los valores de las entradas condiciona al valor de salida, por lo que es sumamente importante en estos circuitos poder sincronizar este proceso. Las compuertas AND, en las entradas del Flip Flop, son "sincronizadas" por la entrada C. Solamente cuando C esté en nivel "1", los valores de S y R, se presentan a las entradas del flip flop, y lo harán simultáneamente.

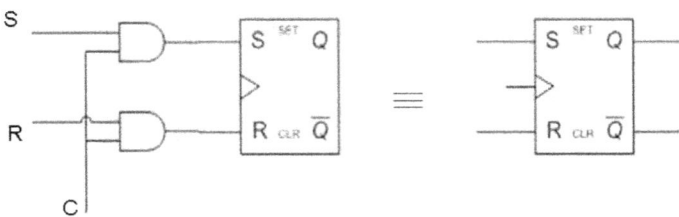

En este caso, decimos que el flip flop está sincronizado por nivel. Si en lugar de un componente como las compuertas ANDs del caso anterior, se pone un Detector de Transiciones, la sincronización del flip flop se hará por flancos y no por nivel.

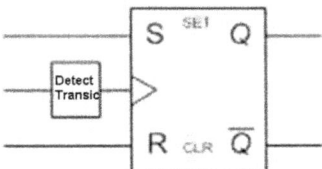

Los flip flops pueden sincronizarse por nivel alto o por nivel bajo, o por flanco de subida o por flanco de bajada.

Hasta este momento la secuencialidad de estos circuitos estaba imprecisamente definida como "antes" y "después", o como "t" y "t+1", etc. A partir de ahora, los eventos se producen según lo marque el pulso de sincronización, al que llamaremos "reloj" o "clock", ya sean activos por nivel o por flancos.

FLIP FLOP JK

El flip flop SR presenta el inconveniente de que en cualquiera de sus versiones, hay una combinación no permitida a sus entradas, lo que limita el campo de aplicaciones en las que puede ser útil. Haciendo las realimentaciones indicadas en la figura, analizaremos como varía la ecuación del flip flop SR, para dar lugar al JK.

Introduccion a la Electronica Digital

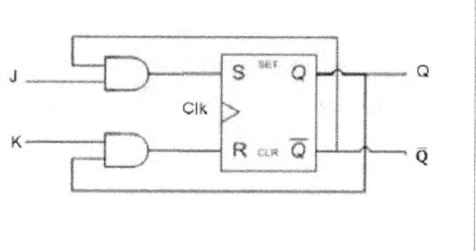

En el FF SR $Q(t+1) = S + \overline{R}.Q(t)$, pero ahora $S = J.\overline{Q(t)}$ y $R = K.Q(t)$

Reemplazamos éstas en la ecuación del FF SR

$$Q(t+1) = J.\overline{Q(t)} + \overline{K.Q(t)}.Q(t) = J.\overline{Q(t)} + (\overline{K} + \overline{Q(t)}).Q(t) = J.\overline{Q(t)} + \overline{K}.Q(t) + \overline{Q(t)}.Q(t) =$$

$$Q(t+1) = J.\overline{Q(t)} + \overline{K}.Q(t)$$

En la que no existen combinaciones no permitidas.
La tabla de verdad de este flip flop es

J	K	Q(t+1)
0	0	Q(t)
0	1	0
1	0	1
1	1	$\overline{Q(t)}$

Y la tabla de transiciones ...

Q(t)	Q(t+1)	J	K
0	0	0	x
0	1	1	x
1	0	x	1
1	1	x	0

Diagramas esquemáticos de Flip Flops JK, gatillados por reloj de flanco negativo o descendente.

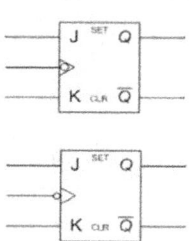

FLIP FLOPS "T" Y "D"

Dos derivaciones u aplicaciones del flip flop JK, son los flip flops T (Toggle) y D (Data).

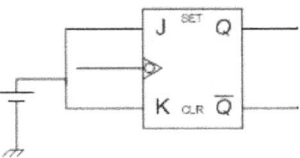

El FF T conmuta su salida con cada flanco activo de reloj. Es muy empleado en contadores asincrónicos.

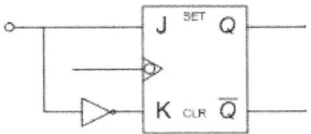

El FF D pone en su salida, el valor que habia a la entrada antes del flanco de reloj. Es muy útil para implementar interfases.

Tabla de verdad del FF JK

J	K	Q(t+1)
0	0	Q(t)
0	1	0
1	0	1
1	1	$\overline{Q(t)}$

FF D corresponde a las filas 0,1 y 1,0; FF T corresponde a la fila 1,1.

FLIP FLOP MAESTRO - ESCLAVO u ORDENADOR – SEGUIDOR

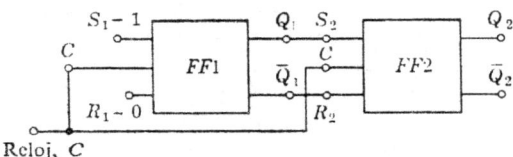

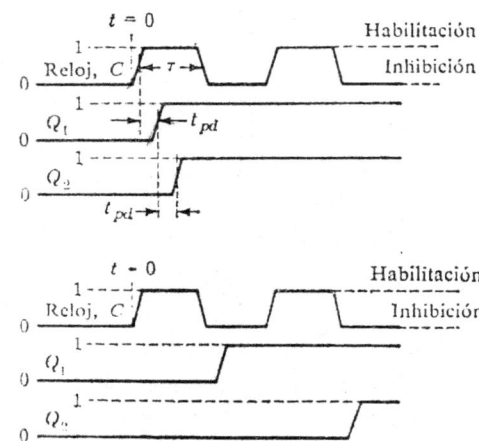

Analizando la figura, vemos que el segundo diagrama de tiempos representa el comportamiento esperado de este registro de desplazamiento de dos etapas (shift register).

Puede ocurrir que una demora en la actuación del segundo flip flop haga que la conmutación de la salida del primero, se establezca antes (a la entrada del segundo) que la actuación del segundo flip flop y los eventos se sucedan como lo describe el primer diagrama temporal. Esto es indeseable y se soluciona mediante el empleo de los flip flops Maestro-Esclavo (Master-Slave), con los que se obtiene el diagrama temporal deseado, mostrado en segundo término. En la figura se muestra la arquitectura de uno de estos flip flops.

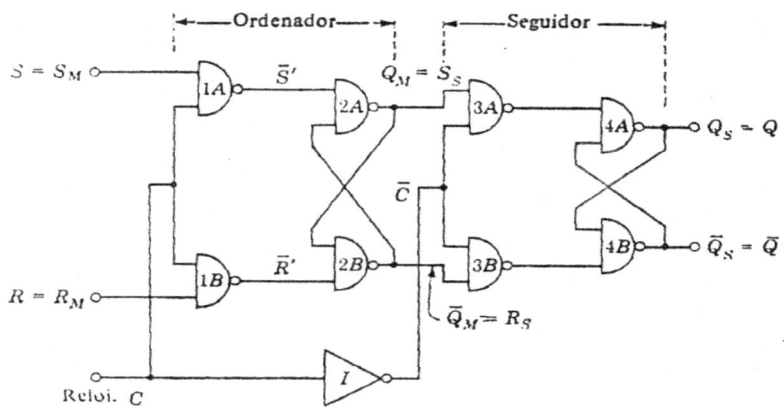

FLIP FLOP MAESTRO-ESCLAVO CON ENTRADAS ASINCRONICAS

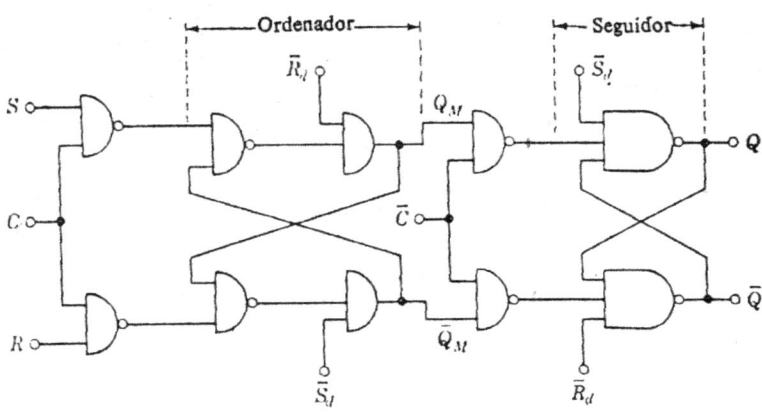

DISEÑO DE CIRCUITOS SECUENCIALES

CIRCUITOS SECUENCIALES SINCRONICOS

Problema:
    Diseñar un circuito secuencial sincrónico de modo que a partir de un estado inicial (E0), si se presenta un número binario impar, seguido de un par, se enciende un LED Verde. Si estando prendido el diodo Verde, se presenta un número par, se apaga el Verde y se enciende uno Rojo. Si estando encendido el diodo Rojo y viene un impar, se retorna al estado inicial. Solo con un número par se apaga el verde, y solo con un impar se apaga el Rojo.

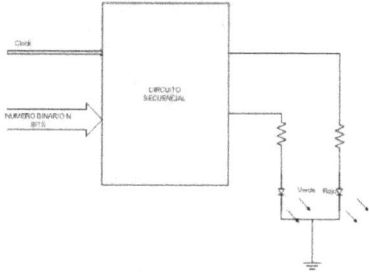

    Advertimos que independientemente de la cantidad de bits del número que ingresa, solamente el bit menos significativo nos dirá si el número en cuestión es par (LSB = 0) o impar (LSB = 1). De este modos, el problema se simplifica ya que nuestra variable de entrada es solamente una, y la denominamos X.

Diagrama de Estados.

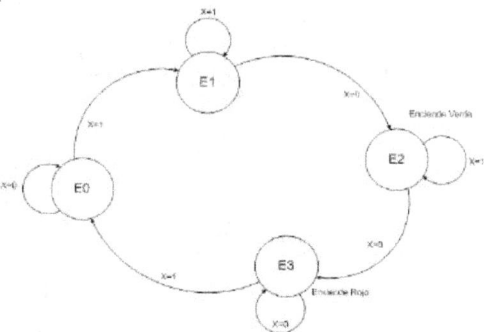

    El diagrama de estados, también llamado Diagrama de Flujo, nos describe la evolución del secuencial, en función de las variables de control. Los estados quedan definidos por lo estados de las salida Q de los flip flops, razón por la que éstas, pasan a denominarse Variables de Estado. Debemos poder leer el Diagrama de Estados, como un formalismo del enunciado del problema, o planteo. Es importante detenerse y diseñar un buen diagrama, descriptivo del problema, ya que los pasos siguientes siguen métodos que nos conducen a una solución sintetizable. Si el diagrama de flujo o estados, esta mal hecho, todo lo estará. Es frecuente trivializar este paso, lo cual conduce a soluciones incorrectas. La mayoría de los errores de diseñadores principiantes tiene su origen en esta primer etapa de la solución.

El Diagrama de Estados representa al planteo del problema y es independiente del método que se siga para obtener la síntesis circuital de la solución.

Veremos tres métodos de solución. Uno de ellos utiliza tantos FF D's, como estados tiene el secuencial, el otro emplea N FF D's, y un decodificador, en donde N es tal que Nro.Estados = 2^N, y finalmente tenemos un método que emplea N FF JK's, adonde N tiene el mismo valor que en el método anterior.

METODO 1 ENTRE N

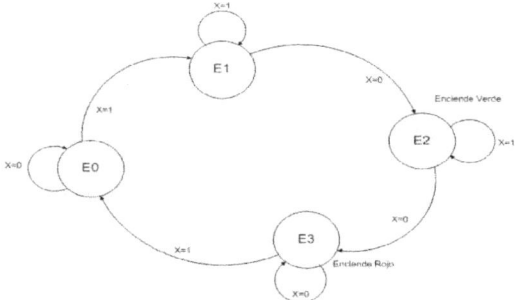

Se trata de una secuencia de 4 estados, por lo que necesitamos 4 FF tipo D. Recordemos que este FF presenta a su salida Q(t+1), el valor que había a la entrada D(t), después del flanco de reloj.

$$Q(t+1) = D(t)$$

Cada salida Q, es representativa de un estado del secuencial. De este modo, cada Q (variable de estado) en alto, nos indicará del estado presente en el que está el circuito.

	Q0	Q1	Q2	Q3
E0	1	0	0	0
E1	0	1	0	0
E2	0	0	1	0
E3	0	0	0	1

Si la salida Qn, esta en "1", nos indica que estamos en el estado En. Planteamos las Ecuaciones, a partir de la ecuación del FF D.

$$E0(t+1) = Q0(t+1) = Q0(t).\overline{x} + Q3(t).x = D0(t)$$
$$E1(t+1) = Q1(t+1) = Q1(t).x + Q0(t)x = D1(t)$$
$$E2(t+1) = Q2(t+1) = Q2(t).x + Q1(t).\overline{x} = D2(t)$$
$$E3(t+1) = Q3(t+1) = Q3(t).\overline{x} + Q2(t).x = D3(t)$$

Introduccion a la Electronica Digital

Eventualmente en este punto se pueden hacer simplificaciones de las funciones ...
...y estamos en condiciones de sintetizar el circuito.

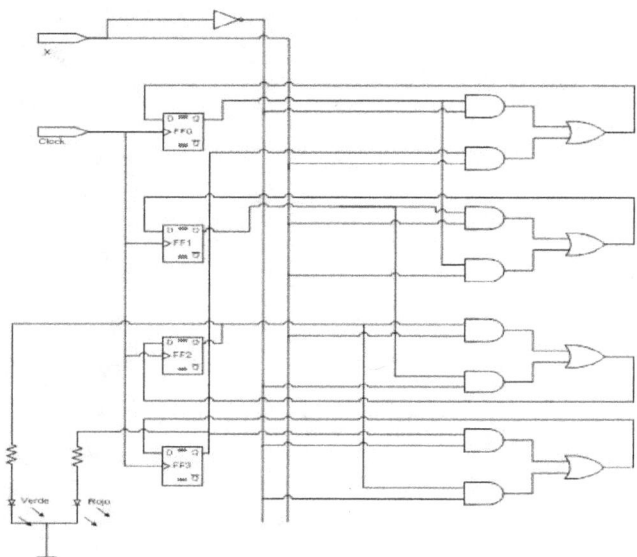

Este método es de aplicación sencilla, pero utiliza demasiados flip flops, por lo que se lo utiliza sólo cuando no es posible el empleo de métodos mejores, entendiendo por tales, a los que permiten una síntesis con menor cantidad de componentes.

METODO DEL DECODIFICADOR

Partimos del mismo diagrama de estados, ya que como se dijo, no depende del metodo de implementación, sino del planteo del problema. En este método emplearemos un decodificador para poder disminuir el número de flips flops y N flip flops, en donde Nro.Estados = 2^N. Para el caso de nuestro problema se tendrán 2 flip flops, ya que tenemos cuatro estados a codificar y lo hacemos del siguiente modo:

	Q0	Q1
E0	0	0
E1	0	1
E2	1	0
E3	1	1

En donde Q0 y Q1 son las salidas de nuestros dos flip flops D, entradas de un decodificador de 2 entre 4.

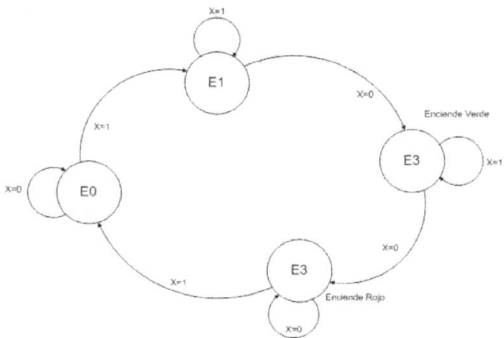

De la codificación de estados vemos que Q0 será "1" en los estados E2 y E3, y Q1 en E1 y E3, luego

$Q0(t+1) = D0(t) = E2(t)+E3(t)$ y $Q1(t+1) = D1(t) = E1(t)+E3(t)$

$Q0(t+1) = D0(t) = E1.\overline{x} + E2.x + E2.\overline{x} + +E3.\overline{x} = E1.\overline{x} + E2.(x + \overline{x}) + E3.\overline{x} = E1.\overline{x} + E2 + E3.\overline{x}$

$Q1(t+1) = D1(t) = E0.x + E1.x + E2.\overline{x} + +E3.\overline{x} = x(E0 + E1) + \overline{x}.(E2 + E3)$

Y se implementa.

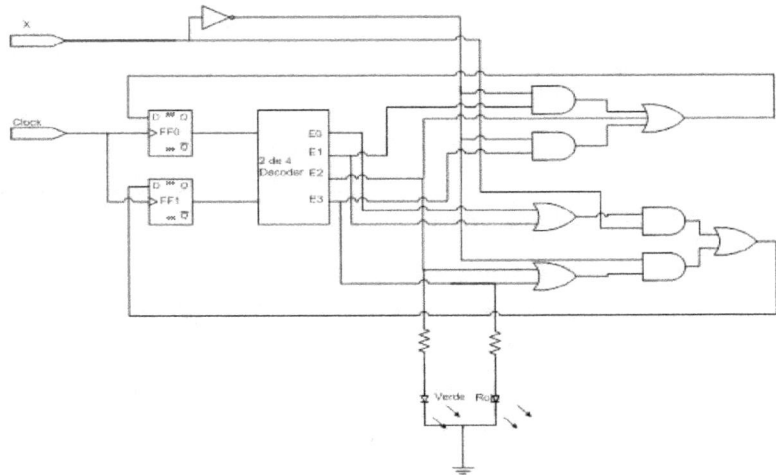

Se observa que se ha reducido considerablemente el número de componentes del circuito. También puede observarse que cuantos más estados se tengan, mayor es la economía de flip flops debido a la

Introduccion a la Electronica Digital

decodificación de estados que reduzca los N flip flops, del primer método, a Nro.Estados = 2^N, en el que N es el número de flip flops. Este método es mejor que el anterior y se utiliza cuando no puede emplearse el método que se verá a continuación, por un número de variables no compatible con la utilización de mapas de Karnaugh.

METODO CON FLIP FLOPS JK

En este último método, se emplearán flip flops JK, y dado que en ellos se pueden utilizar todas las posibles combinaciones de entradas (4 combinaciones), la codificación de estados es óptima y aprovecha todas las posibilidades. Una vez más partimos del mismo diagrama de estados.

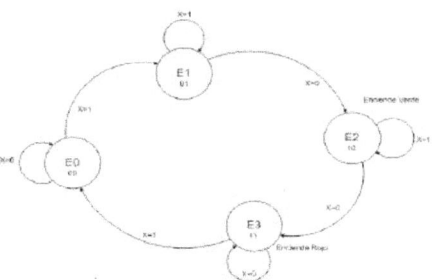

La codificación de estados es similar a la empleada en el método anterior, aunque sin la necesidad de utilizar un decodificador integrado.

Decodificación de Estados

	Q0	Q1
E0	0	0
E1	0	1
E2	1	0
E3	1	1

Tabla de Transiciones del FF JK.

Q(t)	Q(t+1)	J	K
0	0	0	x
0	1	1	x
1	0	x	1
1	1	x	0

Trasladando la evolución de estados en función de la variable x, desde el diagrama de estados y teniendo en cuenta las transiciones deseadas, planteamos la siguiente Tabla;

x	Q0(t)	Q1(t)	Q0(t+1)	Q1(t+1)	J0	K0	J1	K1	Led V	Led R
0	0	0	0	0	0	x	0	x	0	0
0	0	1	1	0	1	x	x	1	0	0
0	1	0	1	1	x	0	1	x	1	0
0	1	1	1	1	x	0	x	0	0	1
1	0	0	0	1	0	x	1	x	0	0
1	0	1	1	0	x	x	0	0	0	0
1	1	0	1	0	x	0	0	x	1	0
1	1	1	0	0	x	1	x	1	0	1

Y se confeccionan los mapas de Karnaugh de las funciones J0, K0, J1 y K1.

De donde obtenemos las funciones

$J0 = \overline{x}.Q1$ $K0 = x.Q1$ $J1 = \overline{x}.Q0 + x.\overline{Q0} = x \oplus Q0$ $K1 = \overline{x}.\overline{Q0} + x.Q0 = \overline{x \oplus Q0}$
$LedV = Q0.\overline{Q1}$ $LedR = Q0.Q1$

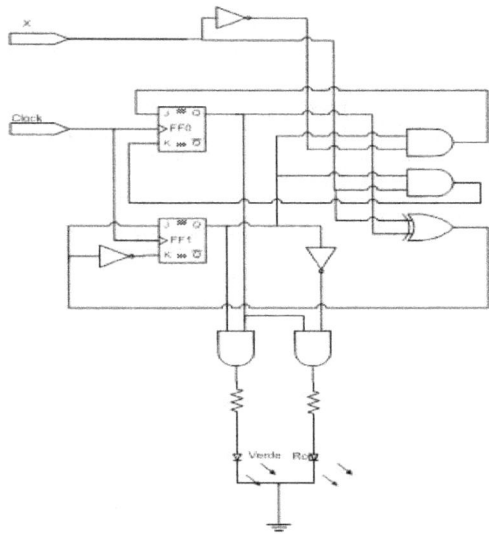

En el que se aprecia una importante reducción de componentes en relación a lo dos primeros métodos. Como en este método trabajamos con mapas de Karnaugh, su aplicación se torna engorrosa cuando se trata de mas de 5 o 6 variables, prefiriéndose en ese caso los métodos anteriores.

Introduccion a la Electronica Digital

OBSERVACION IMPORTANTE

Una observación importante es que debe distinguirse perfectamente la diferencia entre las variables de estado, cuyas combinaciones identifican en que estado se encuentra el secuencial, y las salidas del sistema.

En el caso general un circuito secuencial presente una etapa combinacional de entrada, en donde las variables que ingresan al sistema pueden recibir algún tipo de tratamiento previo que pueda hacer su manejo mas conveniente (reducción del número de variables, por ejemplo), y de un circuito combinacional de salida que produce algún tipo de efecto exterior, en función de las variables de estado (autómata de Moore), y eventualmente de éstas y de las variables de entrada (autómatas de Mealy). Una buena forma de no incurrir en errores y concusiones es incluir la tabla de verdad de las salidas en el mismo cuadro en donde se ponen las transiciones del secuencial.

Como ejemplo de esto podemos mencionar que en un sistemas de semáforos existen cambios de estado que no tienen correspondencia con las luces verde, roja y amarilla. En algún caso de este tipo de dispositivos, se pueden tener varios estados diferentes (distintas combinaciones de las variables de estado, q de los flip flops) sin que se noten cambios en las luces (salidas del sistema).

CIRCUITOS SECUENCIALES ASINCRONICOS

La característica fundamental de los circuitos asincrónicos es que a diferencia de los circuitos secuenciales sincrónicos, los flip flops del sistema no tienen la misma señal de reloj.

Existen métodos de diseño de circuitos asincrónicos que no trataremos. En su lugar mencionamos al que es sin duda, el circuito secuencial asincrónico de mayor uso.

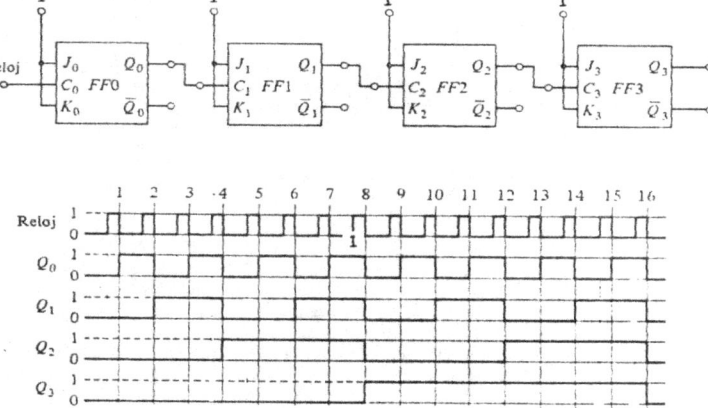

Un circuito típico y muy empleado en numerosas aplicaciones es el denominado Contador de Ripple, o Ripple Counter. Consiste en una serie de flip flops tipo T, en el que la señal de salida de un flip flop, es la entrada de reloj del siguiente.

En la figura vemos la configuración de ripple counter y las forma de ondas del reloj del primer flip flor y las salidas. Este circuito realiza una cuenta binaria, en sus salidas Qn. Además de eso, podemos notar que cada señal de salida tiene el doble de frecuencia de la siguiente, por lo que tambi´ne sirve como divisor de frecuencia.

En el circuito de la figura pueden detectarse valores de cuenta, y a partir de alli sacar una señal, por ejemplo para las entradas de reset asincrónicas de los clips flops, con lo que al llegar a ese valor de cuenta, se produciría un reset de los mismos y el recomienzo de la cuenta. El máximo valor de cuenta de un contador se conoce como *módulo del contador,* así un contador de 4 bits, que cuenta desde 0 hasta 9 y comienza de nuevo decimos que es un contador de módulo 9.

Si en lugar de las salidas Q, se usan sus salidas complementarias como reloj del siguiente, la cuenta es decreciente. Se pueden implementar esquemas bidireccionales, como en el contador de la figura siguiente.

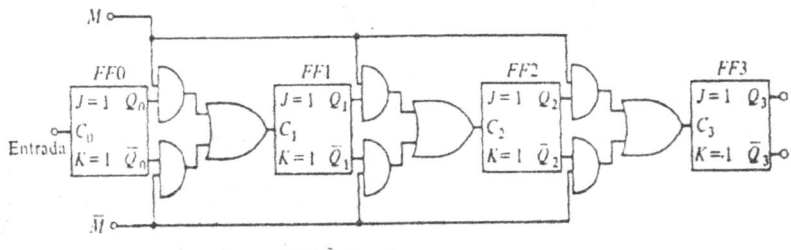

Contador asíncrono bidireccional.

3
FAMILIAS LÓGICAS.

*El **transistor** es un dispositivo electrónico semiconductor que cumple funciones de amplificador, oscilador, conmutador o rectificador. El término "transistor" es la contracción en inglés de transfer resistor ("resistencia de transferencia"). Actualmente se los encuentra prácticamente en todos los artefactos domésticos de uso diario.*

Fue el sustituto de la válvula termoiónica de tres electrodos o triodo, el transistor bipolar fue inventado en los Laboratorios Bell de EE. UU. en diciembre de 1947 por John Bardeen, Walter Houser Brattain y William Bradford Shockley, quienes fueron galardonados con el Premio Nobel de Física en 1956.

Al principio se usaron transistores bipolares y luego se inventaron los denominados transistores de efecto de campo (FET). En los últimos, la corriente entre la fuente y la pérdida (colector) se controla usando un campo eléctrico (salida y pérdida (colector) menores). Por último, apareció el semiconductor metal-óxido FET (MOSFET). Los MOSFET permitieron un diseño extremadamente compacto, necesario para los circuitos altamente integrados (IC). Hoy la mayoría de los circuitos se construyen con la denominada tecnología CMOS (semiconductor metal-óxido complementario). La tecnología CMOS es un diseño con dos diferentes MOSFET (MOSFET de canal n y p), que se complementan mutuamente y consumen muy poca corriente en un funcionamiento sin carga. Los transistores son la unidad básica constituyente de los circuitos integrados empleados en electrónica digital.

DISPOSITIVOS SEMICONDUCTORES

Los dispositivos empleados en las implementaciones circuitales, derivan de unos pocos componentes que han dado lugar a desarrollos de mayor complejidad, constituyentes de las denominadas compuertas, y posteriormente, de circuitos de mayor grado de integración desde los SSI, a los MSI, LSI, VLSI o ULSI (Small, Medium, Large, Very Large o Ultra Large Scale of Integration).

Los dispositivos que dan lugar a las familias de componentes lógicos, o simplemente, Familias Lógicas son los diodos, transistores bipolares (BJT) y transistores de efecto de campo (FET).

El Diodo de Unión.

El diodo de unión consiste en una unión de material de dopado tipo P, y otro de tipo N, denominadas respectivamente ánodo y cátodo. En la figura se muestra el símbolo del diodo y su curva característica, la que describe la respuesta de corriente en función de la tensión aplicada a los bornes del diodo.

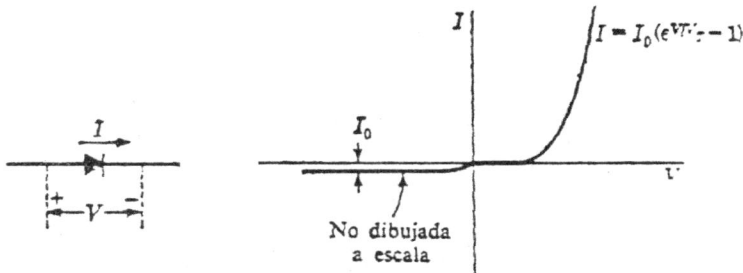

Cuando se aplica una tensión, la corriente sigue una ley en la que se tiene una componente exponencial para valores positivos, con un exponente función de la tensión aplicada y de la temperatura de la unión. Si la tensión aplicada es negativa, se tendrá una componente inversa de corriente Io, de bajo valor, hasta alcanzar una tensión de ruptura (tensión Tener), a partir de la cual la corriente estará limitada solamente por el circuito externo, manteniendo una tensión casi constante (Vz), empleada generalmente en aplicaciones de regulación de voltaje.

$$I = I_0(\epsilon^{V/V_T} - 1)$$

$$V_T = \frac{kT}{e}$$

$k = $ constante de Boltzmann $= 1{,}38 \times 10^{-23}$ J K
$e = $ carga electrónica $= 1{,}602 \times 10^{-19}$ C
$T = $ temperatura absoluta, en grados kelvin

Los diodos suelen formar parte de circuitos integrados. En ese caso la fabricación se basa en arquitecturas típicas de transistores, como las que se muestran en la figura.

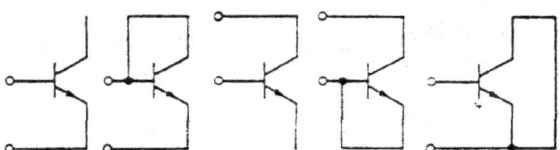

Las cinco maneras en que pueden ser adaptados los transistores para utilizarlos como diodos.

Transistor BJT (Bipolar Junction Transistor)

El transistor bipolar tiene una disposición de tres capas de materiales semiconductores de dopado P y N. Pueden ser tipo NPN, o PNP.
Cada una de estas regiones son respectivamente el Colector, la Base y el Emisor. El siguiente tratamiento se basará en una configuración NPN.

Introduccion a la Electronica Digital

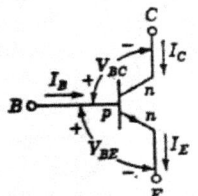

Definición de las tensiones y las corrientes que intervienen en las ecuaciones Ebers-Moll.

Considerando al transistor como un nudo, la corriente de emisor será

$$I_E = I_B + I_C$$

si a_N es la relación entre las corrientes de emisor y de colector (componente transistor), y es del orden de 0,98 - 0,99, a la que se agrega la denominada componente diodo (I_{c0}), a la que reemplazamos por la expresión de la corriente del diodo. Hacemos un tratamientos similar para el colector, aunque en este caso a_I es de bajo valor, típicamente 0,02 – 0,1.

$$I_C = \alpha_N I_E + I_{C0}$$

$$I_C = \alpha_N I_E - I_{C0}(\epsilon^{V_{BC}/V_T} - 1)$$

$$I_E = \alpha_I I_C + I_{E0}(\epsilon^{V_{BE}/V_T} - 1)$$

Reemplazando obtenemos las Ecuaciones de Ebers-Moll, que describen el funcionamiento del transistor.

$$I_E = \frac{I_{E0}}{1 - \alpha_N \alpha_I}(\epsilon^{V_{BE}/V_T} - 1) - \frac{\alpha_I I_{C0}}{1 - \alpha_N \alpha_I}(\epsilon^{V_{BC}/V_T} - 1)$$

$$I_C = \frac{\alpha_N I_{E0}}{1 - \alpha_N \alpha_I}(\epsilon^{V_{BE}/V_T} - 1) - \frac{I_{C0}}{1 - \alpha_N \alpha_I}(\epsilon^{V_{BC}/V_T} - 1)$$

$$I_C = \frac{\alpha_N}{1 - \alpha_N} I_B + \frac{I_{C0}}{1 - \alpha_N}$$

$$h_{fe} = \frac{\Delta I_C}{\Delta I_B} = \frac{\alpha_N}{1 - \alpha_N}$$

El valor de h_{fe} varía entre 50 ($a_N = 0,98$) y mas de 100 ($a_N = 0,99$), dependiendo del proceso de fabricación, y aunque no es constante, podemos asumirlo como tal para nuestro caso.

Este parámetro es la ganancia de corriente para la configuración de emisor común. Nos indica cuantas veces mayor es la corriente de salida, en relación a la de entrada.

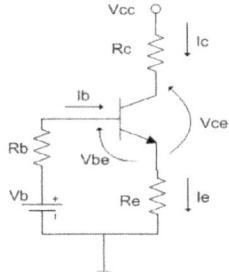

Configuración de Emisor Común.

Para esta configuración podemos resumir, haciendo una simplificación que no afecta al propósito de la explicación, que la corriente de colector y la de emisor son de valores muy parecidos, y son a su vez, h_{fe} veces, la corriente de la base. A este efecto se lo conoce como amplificación de corriente del transistor. La componente diodo es despreciada por su bajo valor, frente a la componente transistor.

En la curva característica del transistor podemos distinguir tres zonas, la primera, sobre el eje horizontal, en la que la corriente de colector es mínima y la tensión entre el colector y el emisor es la máxima. El comportamiento del transistor en esta zona es similar al de un interruptor abierto, en el que medimos a sus bornes toda la tensión aplicada, y la corriente es nula. Esta zona se conoce como de Corte. La zona intermedia es la zona lineal, la que carece de interés para la electrónica digital. Es la zona para las denominadas aplicaciones lineales del transistor, adonde la salida sigue proporcionalmente a la entrada.

Finalmente tenemos la zona vecina al eje de ordenadas, en la que la tensión entre colector y emisor es mínima (0,1-0,2 V), y la corriente alcanza el máximo valor, limitada principalmente por el circuito exterior de polarización. Esta zona se conoce como de Saturación.

Los modos de trabajo del transistor BJT de interés para la electrónica digital son el Corte y Saturación, en las que el dispositivo se asimila a un interruptor abierto y cerrado, respectivamente.

En la figura se pueden apreciar las curvas características de un transistor tipo NPN, que vinculan las diferentes corrientes de base I_B, con el circuito de la salida. La polarización de este caso tiene una tensión de alimentación de 10 V, y una resistencia de carga R_L de 500 ohms. Cuando este transistor está en Corte, la corriente de salida, I_C, es nula, y la tensión aplicada entre colector y emisor, V_{CE} es de 10 V. Cuando está en Saturación, la V_{CE} es la $V_{CE\,Sat}$, de aproximadamente 0,1 - 0,2 V, y la corriente $I_C = 10 / 500$ [Amp]. Estos puntos extremos conforman la recta de carga impuesta por el circuito exterior de la configuración. El punto Q, de operación del transistor será el que satisface estos puntos dados por la polarización, y la I_B dada por el circuito de polarización de la base.

Introduccion a la Electronica Digital

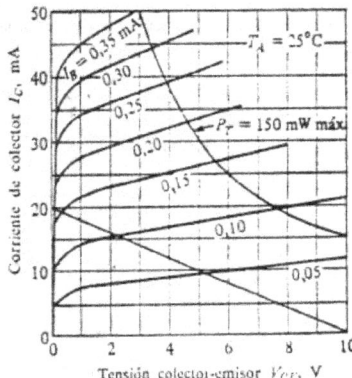

Característica típica de emisor común de un transistor *npn* de potencia media (150 mW). La recta de carga corresponde a $V_{CC} = 10$ V y $R_L = 500\ \Omega$

En el caso de la electrónica digital, la corriente de base se pretende lo suficientemente importante como para llevar al transistor a franca conducción, o Saturación, o lo suficientemente baja como para llevarlo al Corte.

Cuando el transistor está en estado de Saturación, la tensión entre el emisor y la base es la de un diodo polarizado en directo, aproximadamente 0,65 – 0,75 V, y la tensión entre el colector y el emisor es la anteriormente mencionada de 0,1 – 0,2 V.

El transistor Schottky

Es importante mencionar que el tiempo en que un transistor bipolar tarda en salir del estado de saturación es mayor que el que demanda llevar al dispositivo a ese estado. La causa radica en el tiempo que insume la remoción de cargas excedentes, producto del estado de saturación, siendo una de las causas limitantes de la velocidad de conmutación en las familias lógicas bipolares denominadas de "lógicas saturadas", cmo es el caso de la familia TTL standard.

Un diodo Schottky, es un diodo en que la parte de material P, es reemplazada por una placa de aluminio. Un transistor Schottky, es un transistor bipolar, en el que se conecta un diodo Schottky entre la base y el colector, para evitar que entre en una saturación muy fuerte, siendo mucho mas rápido el proceso de salir del estado de saturación.

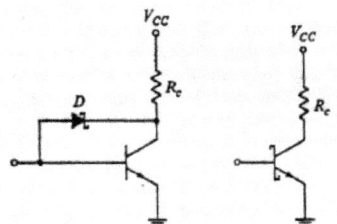

Un transistor con diodo Schottky para evitar la saturación.
Símbolo del transistor Schottky.

A pesar de que en un transistor Schottky, el dispositivo no entra francamente en estado de Saturación, la familia lógica generada a partir de estos componentes son una "lógica saturada". Se trata de la familia lógica TTL LS, y es la lógica bipolar de mayor difusión actualmente por sus ventajas en velocidad y consumo de corriente, frente a la clásica familia TTL standard. Esto se tratará más adelante.

Transistor de Efecto de Campo de Juntura (JFET Junction Field Efect Transistor)

En el transistor de efecto de campo de juntura se distinguen el Drenador (Drain), el Surtidor (Source) y la Compuerta o Graduador (Gate). En un JFET la compuerta tiene forma anular, abrazando al cuerpo principal del dispositivo a modo de anillo. Supongamos que entre D y S hay una tensión V_{SD}, la que genera una corriente entre drenador y surtidor. Si ahora aplicamos una tensión negativa a la compuerta, los electrones serán rechazados de la región que rodea a la compuerta, produciendo una zona vacía de portadores, produciendo un angostamiento del canal n de conducción entre D y S. Este estrangulamiento del canal de conducción puede llegar a la estricción, o corte total de la corriente que circulaba. De este modo, la compuerta controla la corriente entre D y S, desde una condición de maxima conducción, hasta la estricción, en la que la corriente es nula.

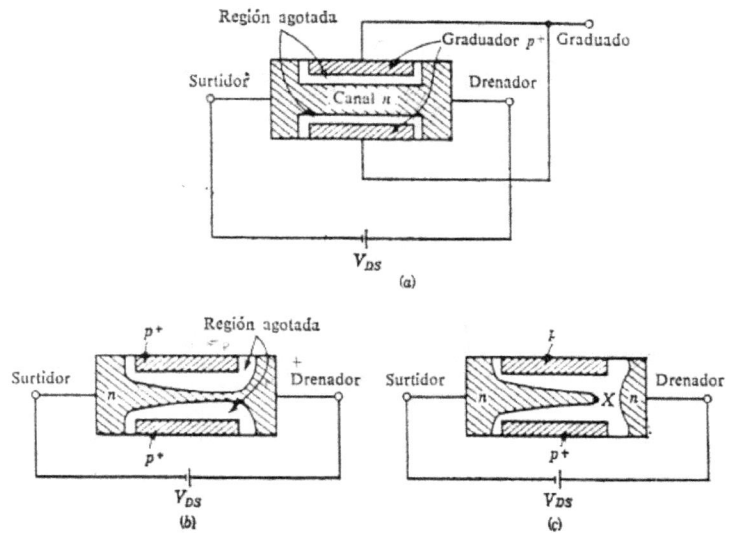

(a) Un transistor de efecto de campo de unión. (b) El estrechamiento del canal (c) El FET por encima del punto de estrangulamiento.

Como componente de circuitos digitales, el transistor de efecto de campo se trabaja entre esos dos extremos de conducción, aunque en circuitos de adquisición de señales analógicas, suele usarse tambien en su modo de conducción lineal. En este modo, se asemeja a una resistencia ohmica. Un transistor FET presenta una resistencia de unos 200 ohms en conducción y del orden de Teraohms cuando no hay circulación de corriente.

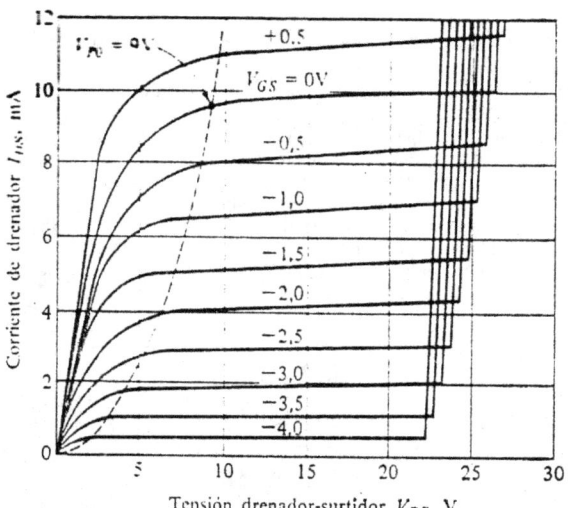

Características típicas de drenador-surtidor común de un JFET de canal n.

Transistor de Efecto de Campo de Compuerta Aislado (IGFET, Isolated Gate Field Efect Transistor) ó MOSFET (Metal Oxide Semiconductor Field Efect Transistor)

En los MOSFET, a los efectos de minimizar la corriente de Graduador o Compuerta, ésta se aisla con una capa de dioxido de Silicio, habiendo solo corrientes de desplazamiento de bajo valor (picoamperes) en la compuerta, siendo una gran ventaja de las familias lógicas basadas en transistores de efecto de campo, el bajo valor de las corrientes de excitación.

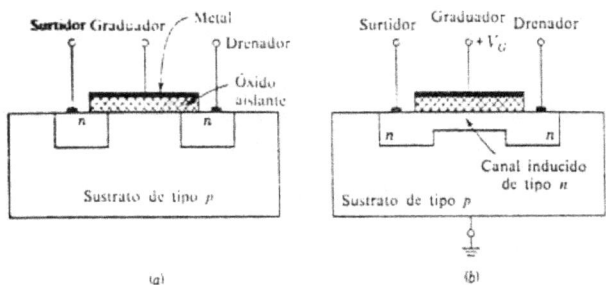

(a) Estructura de un transistor de efecto de campo metal-óxido semiconductor (MOSFET). (b) Procedimiento por el cual se genera el canal.

En el transistor de la figura, la aplicación de una tensión positiva en el Graduador o Compuerta, rechaza portadores P de la proximidad del mismo, generando un canal de conducción N, entre S y D. El canal no existe previamente, y es inducido por acción de G, por rechazo de portadores P.

Dependiendo de si el canal de conducción es de tipo P o N, decimos que el transistor es PMOS o NMOS. El empleo de tecnologías que utilizan ambos tipos de transistores da lugar a la familia de componentes lógicos CMOS, por Complementary MOS.

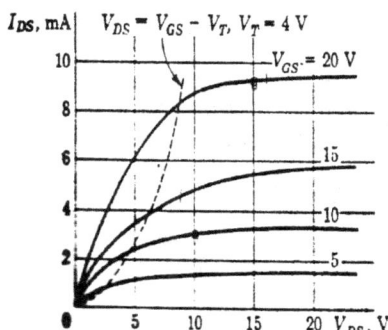

Características tensión-corriente de un MOSFET. Corriente de drenador en función de la tensión drenador-surtidor para varias tensiones graduador-surtidor.

Introduccion a la Electronica Digital

FAMILIAS LÓGICAS.

Una clasificación breve de las principales familias de componentes para circuitos digitales, o simplemente "familias lógicas", es la siguiente:

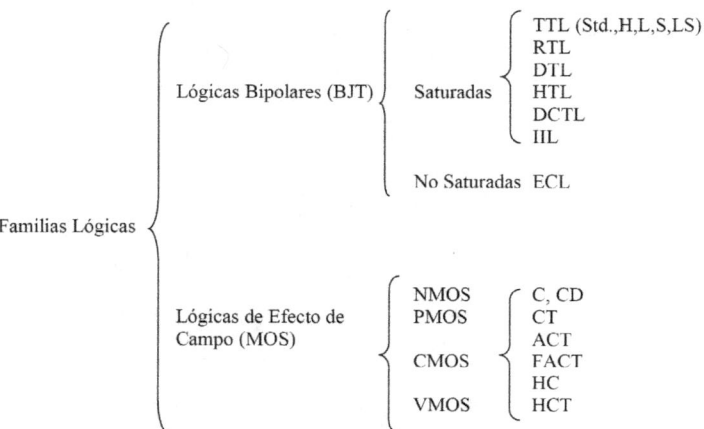

Es importante aclarar que los fabricantes de componentes desarrollan permanentemente nuevas tecnologías, buscando mejorar las prestaciones, con especial énfasis en lograr mayores frecuencias de trabajo, a expensas de menor consumo o potencia.

Familias Lógicas, Parámetros y carácterísticas de interés.

Cuando se deba optar por una familia de componentes, o simplemente, cuando debamos realizar algún tipo de intervención en un circuito con componentes digitales, es necesario conocer algunas características de los dispositivos con los que se trabajará.

Tensiones y corrientes, de entrada y salida.

Vih mín = Valor minimo de tensión de entrada reconocido como "High".
Vil máx = Valor máximo de tensión de entrada reconocido como "Low".
Voh mín = Valor mínimo de tensión de salida entregado como "High".
Vol máx = Valor máximo de tensión de salida entregado como un "Low".

Iih = Corriente de entrada para el estado "High".
Iil = Corriente de entrada para el estado "Low".
Ioh = Corriente de salida para el estado "High".
Iol = Corriente de salida para el estado "Low".

Fan Out o Cargabilidad de Salida

El fan out es la cantidad de cargas, o entradas de compuertas de la misma familia, a las que puede excitar una compuerta dada.

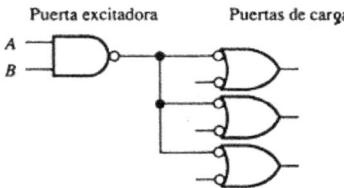

Retardos de Conmutación o Tiempos de propagación (Tp)

Es una característica de relevante importancia, ya que nos indica los límites de velocidad de actuación de una familia de componentes. En general los tiempos de subida (Tplh), no son iguales a los de bajada (Tphl).

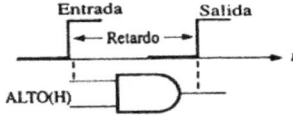

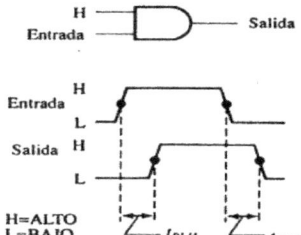

Asumiendo que tanto los tiempos de subida (LH), como los de bajada (HL), no son nulos (implicaría ancho de banda infinito), tanto el momento de una conmutación LH, como el de una

HL, se toma como el momento en que la tensión pasa por el valor medio (50%) entre el nivel HIGH y el LOW.

Requisitos de Energía.

Atento a que las compuertas y demás componentes de un circuito digital no presentan los mismos consumos en los estados alto y bajo, y dado de que no es sencillo determinar cuanto tiempo las diferentes salidas de los componentes de una circuitería digital estarán en alto y cuanto tiempo en bajo, se asume la simplificación de suponer que habrá un 50% de tiempo en el que los componentes estarán en bajo y un 50% en alto, tomando al promedio de las corrientes respectivas como corriente demandada por el circuito. La tensión es la de alimentación correspondiente a la familia lógica en uso, y el producto tensión por corriente será la potencia necesaria.

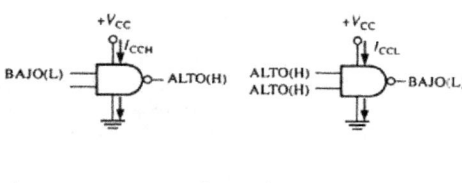

$$I_{CC} = \frac{I_{CCH} + I_{CCL}}{2}$$

$$P_D = V_{CC} I_{CC}$$

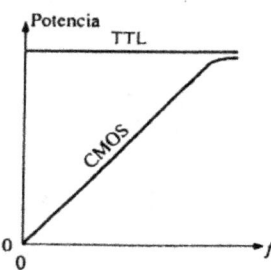

Una consideración importante es que para el caso de la familia de componentes TTL, la potencia es aproximadamente constante con la frecuencia, no ocurriendo lo mismo con los dispositivos CMOS. Los CMOS tienen una componente capacitiva importante y es por ello que las corrientes en juego aumentan con la frecuencia de conmutación del circuito.

Margen de ruido.

Los niveles de entrada y salida, para los estados alto y bajo, en las diferentes familias lógicas, no son en general, iguales. Existen diferencias de tensión que nos aseguran que el nivel entregado a la salida por un componente, es debidamente interpretado por la entrada de otro componente de la misma familia lógica. Margen de ruido (V_N) es la diferencia de niveles de tensión, entre el valor de salida y el necesario a la entrada. Esto implica que se permite cierto nivel de ruido sumado a la señal digital, sin que el mismo induzca a una mala interpretación del nivel lógico correspondiente.

$$V_{NH} = V_{OH(mín)} - V_{IH(mín)}$$

$$V_{NL} = V_{IL(máx)} - V_{OL(máx)}$$

Familia Lógica RTL (Resistor Transistor Logic).

Esta familia dio lugar a la actual familia TTL. No eran componentes integrados, y adolecía de una serie de problemas, entre los que se destacaban las diferencias en los parámetros de los transistores componentes, a pesar de ser fabricados en una misma partida y una pobre excursión entre los valores alto y bajo, lo que reducía drásticamente su Margen de Ruido. Los tiempos de conmutación eran altos en relación a los actuales.

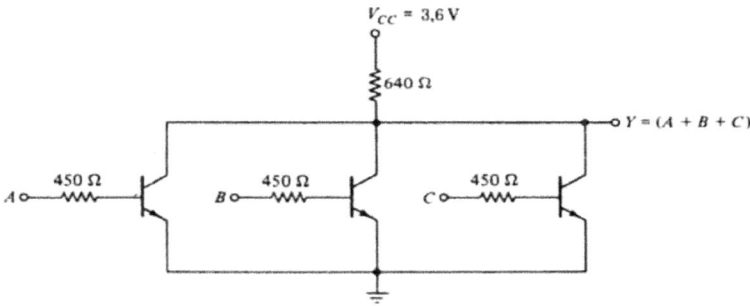

Compuerta NOR básica RTL

Familia Lógica DTL (Diode Transistor Logic).

Evolución de la anterior, y verdadera precursora del concepto TTL. Un estado bajo en cualquiera de los diodos de entrada, polariza en directo al mismo, provocando un drenaje de corriente hacia la entrada y el corte del transistor Q1, poniendo a la salida en alto. Solamente con todas las entradas en alto, se produce una inyeccion de corriente en la base de Q1, que lo lleva a saturación, ocasionando que la salida quede en bajo.

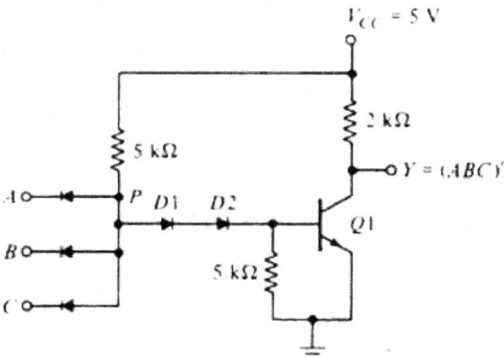

Compuerta NAND básica DTL

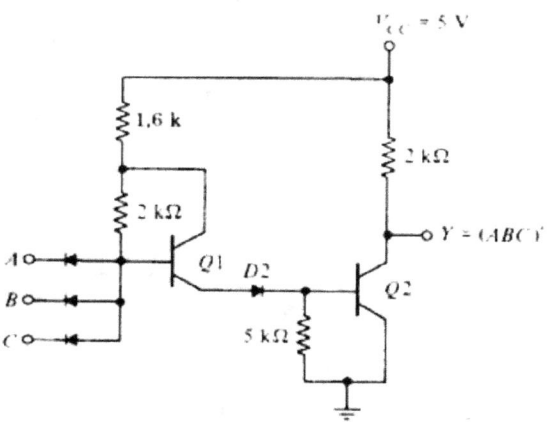

Compuerta modificada DTL

Esta configuración proporcionaba mejores tiempos de conmutación ya que la inyeccion de corriente a la base de Q2 es acelerada por la saturación de Q1. Esta fue la primer configuración que se incorporó en una pastilla de Silicio bajo la forma de circuito integrado. Derivó rapidamente en la popular familia TTL Standard.

Pablo Recabarren

FAMILIA TTL (TRANSISTOR TRANSISTOR LOGIC)

Se trata indudablemente de la familia de componentes mas popular de entre las empleadas en circuitos digitales. La figura muestra un inversor TTL Standard. La disposición de los compoenentes a la salida del circuito hicieron que esta configuración se denominara "tótem pole", o de salida en forma de "tótem", ya que recuerda la disposición de elementos en un tótem aborigen (¿).

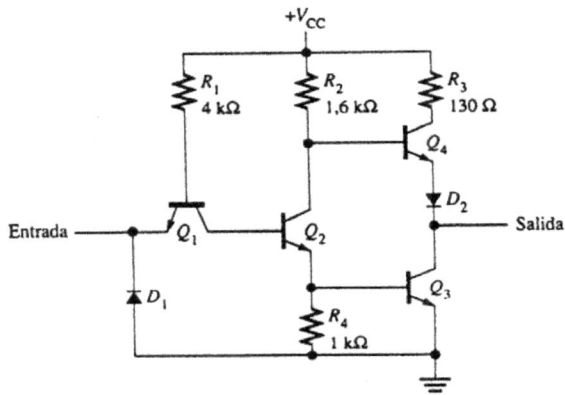

Un nivel bajo a la entrada de la compuerta lleva al transistor Q1 a conducción, ocasionando que la corriente en la base de Q2 sea saliente y éste se corte. Si Q2 está en corte, a tensión en la base de Q4 aumenta y Q4 entra en saturación. Por el contrario, una tensión alta a la entrada pone a Q1 en corte y la corriente de la base de éste se deriva hacia la base de Q2 poniéndolo en saturación. La corriente de emisor de Q2 se inyecta en la base de Q3, el cual se satura ocasionando que a la salida se tenga V_{CE} sat = 0,1 – 0,2 V, o sea un nivel bajo.

Es importante remarcar que si Q3 está saturado, la tensión en su base es la correspondiente a la de un diodo de Silicio en conducción (0,65 – 0,75 V), y con la tensión V_{CE} sat de Q2, suman hasta 0,95 V en la base de Q4, con lo que éste último transistor podría ir a saturación. Para evitar esto, se pone el Diodo D2, el cual provee un umbral de 0,7 V extra, necesarios para llevar a Q4 a la saturación.

De este modo sólo es posible que conduzca o Q4, o Q3, pero nunca ambos.

En rigor, como es más rápido llevar a un transistor a la saturación, que sacarlo de ese estado, existe un brevísimo intervalo de tiempo, cuando la salida pasa de alto a bajo, en el Q3 se satura sin que Q4 haya salido totalmente de su saturación. Esto no llega a producir errores lógicos en los circuitos ya que es un proceso de muy corta duración, aunque si produce un aumento notorio de corriente demandada de la fuente de alimentación, en esos momentos. Esta es la causa de que las líneas de alimentación de circuitos TTL muestren pequeños y breves picos producidos por estos excesos de demanda. Los picos de corriente producen ruido en la alimentación, pero no cambios de nivel de tensión ni tan grandes ni tan duraderos como para generar errores lógicos.

El diodo D1 es sólo una protección de entrada sin efectos sobre el análisis lógico del circuito.

El análisis del inversor TTL puede extenderse a la compuerta NAND TTL, la que presenta como novedad un transistor multiemisor a su entrada, reemplazando a los diodos de entrada de la compuerta DTL, la que puede tomarse como modelo para entender el funcionamiento de este dispositivo.

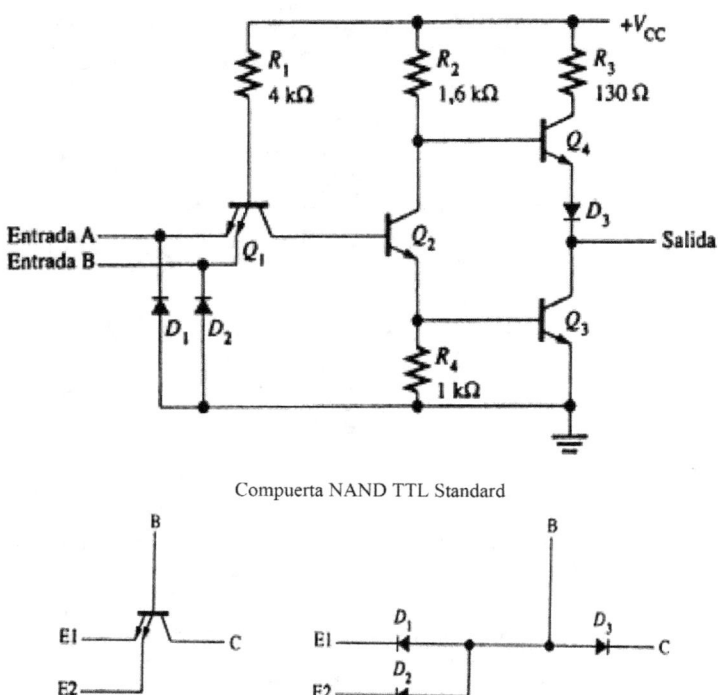

Compuerta NAND TTL Standard

Modelo equivalente con diodos, de un transistor multiemisor

Todo lo dicho para el inversor TTL Standard se aplica a esta configuración, con la salvedad de que a su entrada se tienen dos o más emisores del transistor de entrada. Analizando el modelo de diodos equivalente mostrado en la misma figura, vemos que es suficiente con que uno de los diodos tenga su cátodo a nivel bajo, para que el transistor de entrada conduzca, entrando en saturación y provocando el corte de Q2, la conducción de Q4, el corte de Q3, y el consiguiente nivel alto en la salida del dispositivo.

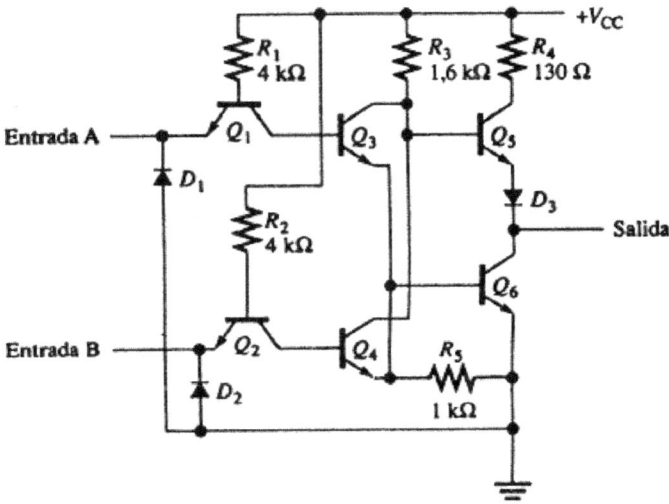

Compuerta NOR TTL Standard.

Analizando la figura siguiente, vemos que se incorpora un transistor Q2, cuyo colector esta unido a uno de los emisores del transistor Q1 de entrada. Si el transistor Q2 conduce, mediante la aplicación de un nivel alto en la entrada de "habilitación", desencadena la conducción Q1, y el corte consiguiente de Q3 y Q5. Si el colector de Q2 no estuviese conectado a la base de Q4, éste último transistor conduciría llevando la salida a nivel alto. Sin embargo, al conducir Q2, la base de Q4 queda a 0,1 – 0,2 V (VCE sat), con lo que Q4 también queda cortado. La consecuencia de esto es que ambos transistores de salida (Q4 y Q5) están cortados y no existe corriente de salida alguna. Este estado se conoce como "alta impedancia" (corriente prácticamente nula), o "tercer estado", diferenciándolo de los estados alto y bajo. Cuando un componente se encuentra en estado de alta impedancia, o tercer estado, podemos asumir, a los fines prácticos , que el componente ha sido "retirado" del circuito y no participa del mismo. El tercer estado es de utilidad cuando mas de un componente se encuentran conectados a un mismo bus y se debe evitar el denominado "conflicto de bus", el cual se produce cuando uno o mas componentes tratan de poner un estado dado en el bus, o nudo, y otro, u otros tratan de imponer el estado contrario.

Introduccion a la Electronica Digital

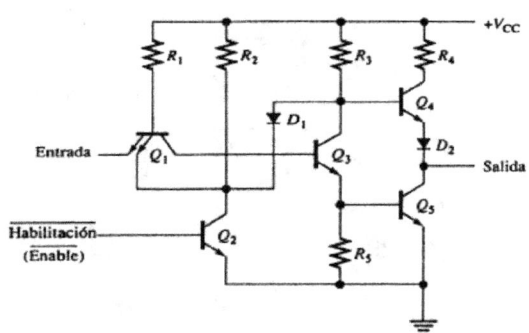

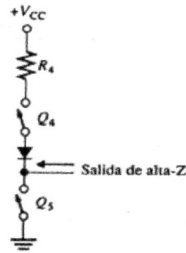

La figura muestra un circuito equivalente de resistencias, de un componente en estado de "alta impedancia", o "tercer estado".

Niveles de tensión TTL

Si se analiza el circuito de salida de una compuerta TTL, veremos que cuando la salida esta en nivel lógico alto, se cumple

Vout = Vcc – Iout 130 ? – V diodo = 5V- 0,7V - Iout 130 ? = 4,3 V - Iout 130 ?

Aunque no conozcamos exactamente el valor de la corriente de carga, vemos que la salida en estado alto no es 5V, como podríamos suponer.
La salida en estado bajo, es la V_{CE} sat del transistor inferior (Q5, en la figura anterior), o sea que nuestro nivel bajo es 0,1 – 0,2 V, y no 0, o masa, como se puede pensar.
Los niveles de tensión para la familia TTL se indican en la figura siguiente, a partir de la cual se pueden obtener los Margenes de Ruido para esta familia.

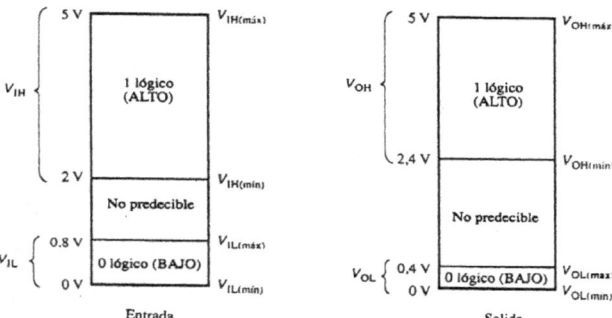

Márgenes de ruido TTL

Vemos que tanto para el estado alto (H), como para el bajo (L), el margen de ruido es de 0,4 V.

$$V_{NH} = V_{OH(mín)} - V_{IH(mín)}$$

$$V_{NL} = V_{IL(máx)} - V_{OL(máx)}$$

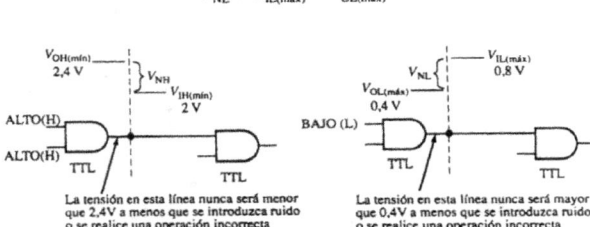

Fan out en TTL

En la familia TTL Standard, el Fan out es de 10 cargas del mismo tipo, y para la familia TTL LS este valor sube a 20 cargas.

Tiempos de propagación.

El tiempo típico de propagación para TTL standard es de 15 nanosegundos y de 9 nanosegundos para la famiulia LS.

Introduccion a la Electronica Digital

AND cableada o Wired AND en TTL

Existe un tipo de conexión, denominada AND cableada o Wired AND, la que consiste en unir dos o mas salidas de compuertas. El punto de unión (nudo) se comporta teóricamente como una AND, o sea que con que alguna de las salidas que trate de poner un cero a ese punto del circuito, hará que el nivel caiga a cero lógico.

Si bien esto es correcto en teoría, y desde el punto de vista lógico, en la práctica se plantea un serio inconveniente.

La salida TTL no está diseñada para una corriente muy elevada, como puede ser la de los dos transistores de salida conduciendo simultáneamente. Esto puede ser destructivo para el dispositivo, y de hecho que en funcionamiento normal sólo conduce uno cuando está en alto,y el otro, cuando está en bajo, pero nunca ambos.

En la figura vemos la salida de dos compuertas conectadas com AND cableada.

Si ambas salidas tratan de estar en alto, o ambas en bajo, no hay problemas, pero cuando una esta en alto (Q1 conduce), y la otra en bajo (Q2 conduce), la configuración resultante es idéntica a a una salida TTL en la que conducen ambos transistores de salida simultáneamente, produciendo una corriente de salida inadmisible, por lo que este tipo de conexión no está permitida para esta familia de componentes.

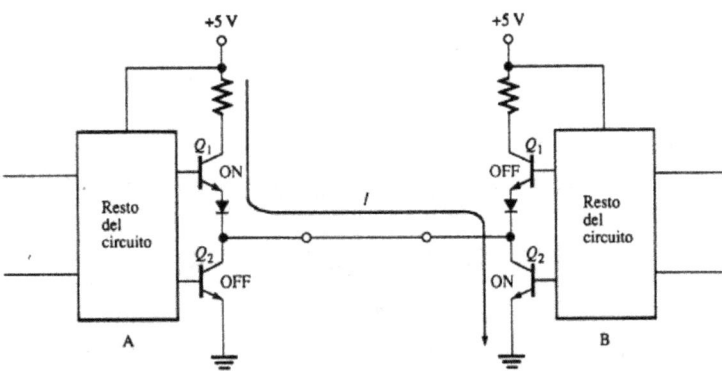

Existe un tipo de compuertas, denominadas TTL Open Collector, o de Colector Abierto, que nos permite conectar externamente una resistencia que limite la corriente de salida, evitando la sobrecarga descripta.

En el circuito de la figura siguiente la R_P se dimensiona en función de la corriente máxima que se espera para la aplicación en cuestión. La simplificación del circuito de salida en este tipo de compuertas debida a la ausencia de uno de los transistores de salida, le resta velocidad a la conmutación.

En general la utilización de estos dispositivos se restringe a casos particulares con especial demanda de corriente de salida.

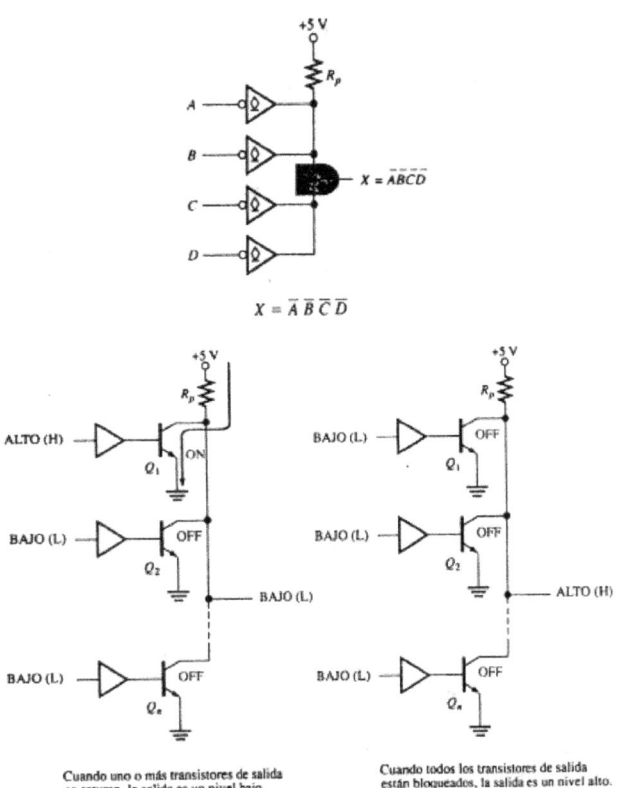

En la figura siguiente vemos la arquitectura de este tipo de compuertas, con y sin la resistencia externa conectada. Esta resistencia se conoce como *pull – up*, o *pull – up pasivo*.

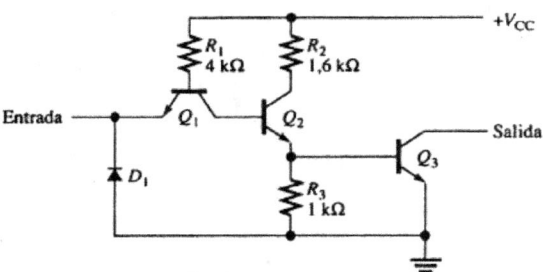

Circuito inversor con salida en colector abierto

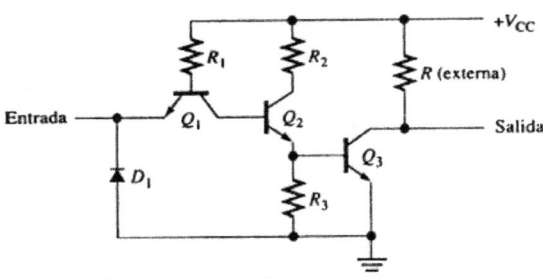

Con resistencia de pull-up externa

FAMILIA TTL LS (LOW POWER SCHOTTKY)

Ya se mencionó el efecto de reemplazar un transistor bipolar por un transistor Schottky, obteniéndose mejores tiempos de conmutación sin que ello implique un aumento proporcional en el consumo de corriente.

Este concepto da lugar a la familia TTL LS, la cual ha reemplazado a la familia TTL Standard, la cual ya ha caído prácticamente en desuso, frente a la LS.

El análisis del funcionamiento de una NAND TTL LS es similar al deacripto para una TTL Standard, por lo que no se lo hará y simplemente se presenta la arquitectura de tal compuerta.

Existen familias derivadas de la LS, con mejores prestaciones para algunas aplicaciones como la ALS (Advanced LS) y la AS (Advanced Schottky).

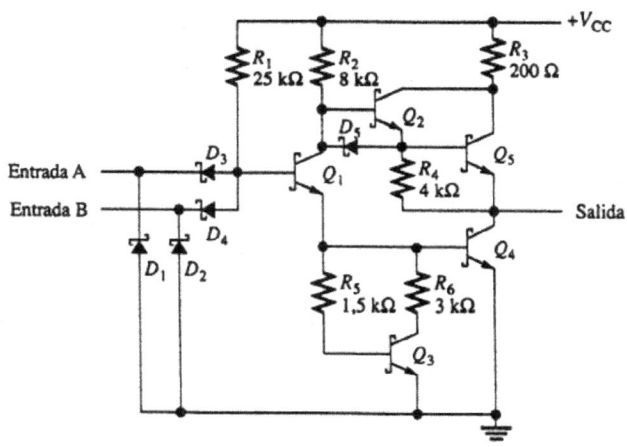

Otras familias TTL

54/74XXXX	TTL ESTANDAR
54/74LXXXX	TTL DE BAJO CONSUMO
54/74LSXXXX	TTL SCHOTTKY DE BAJO CONSUMO
54/74ASXXXX	TTL SCHOTTKY AVANZADA
54/74ALSXXXX	TTL SCHOTTKY AVANZADA DE BAJO CONSUMO

El "*producto retardo de propagación por potencia consumida*": Es un factor de mérito para cada tecnología

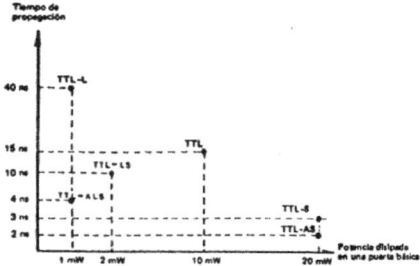

Se presenta un cuadro de las diferentes familias TTL, que permite comparar fundamentalmente las dos características más importantes a tener en cuenta en la mayoría de los diseños: Velocidad de conmutación (o tiempo de propagación), y consumo de energía.

OTRAS FAMILIAS LÓGICAS BIPOLARES

Hay otras familias lógicas de interés que no se tratan en detalle en este curso, pero que merecen ser mencionadas. Son la familia ECL (Emitter Coupled Logic), o Lógica Acoplada por Emisor, y la IIL (Integrated Injection Logic) o Lógica de Inyección Integrada. La primera es una lógica no saturada de alta velocidad, de creciente difusión, y la segunda es una familia especialmente desarrollada para circuitos integrados de alta escala de integración.

FAMILIAS LÓGICAS MOS

FAMILIAS NMOS Y PMOS

Estos componentes han caído en desuso ante el advenimiento de la familia CMOS, o MOS Complementario, no obstante, y por haber originado a los CMOS, las mencionaremos brevemente.

En la figura se tienen a un transistor N-MOS y a uno P-MOS, y vemos que el primero conduce cuando aplicamos a su entrada, la Gate, Graduador o Compuerta, un nivel lógico alto. Algo análogo ocurre en el P-MOS con una tensión lógica baja en su entrada.

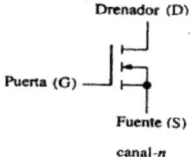

Drenador (D)

Puerta (G)

Fuente (S)

canal-*n*

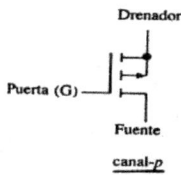

Drenador

Puerta (G)

Fuente

canal-*p*

En la figura siguiente tenemos a los dos transistores trabajando como interruptores, destacando que cuando se encuentran en conducción, equivalen a una resistencia de 200 ohms (R_{ON}), pero cuando estan en estado de no conducción equivalen a una resistencia de 10^{12} ohms (R_{OFF}), lo cual es prácticamente un circuito abierto.

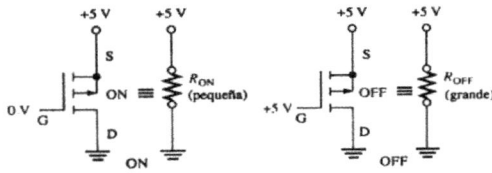

Interruptor canal-*p*

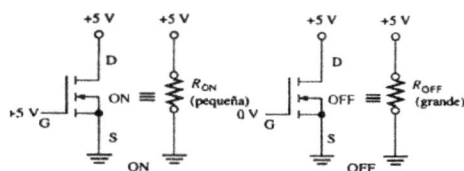

Interruptor canal-*n*

Compuertas inversoras NMOS y PMOS

Las compuertas inversoras son las más elementales de toda familia lógica. Se presenta una configuraciones inversora, para un componente NMOS, con su Sustrato conectado a Surtidor o a masa, respectivamente. El transistor superior funciona como una resistencia de carga, siendo de este modo ya que es más fácil integrar en un circuito integrado a un transistor MOS que a una resistencia.

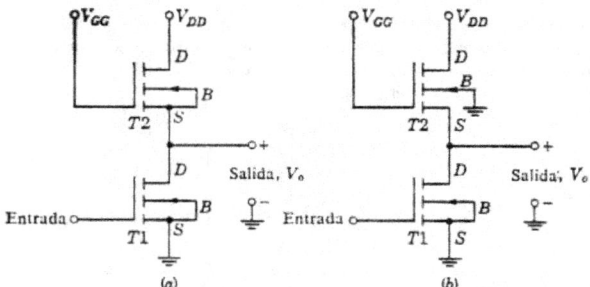

Interruptor MOSFET básico: (a) El sustrato de la carga está unido al surtidor de la carga; (b) el sustrato de la carga unido a la masa.

Familia Lógica CMOS (Complementary MOS)

Esta familia se basa en la operación complementaria de transistores NMOS y CMOS y se ha convertido en la gran opción a la familia TTL, tendiendo importantes ventajas sobre aquella como su bajo costo, alto grado de integración y bajos consumos. En contraposición a esto, tienen tiempos de propagación mas lentos, siendo ésta su principal desventaja.

Existen subfamilias que tratan de mejorar sus desventajas sin que esto vaya en detrimento de sus ventajas, como las familias HC, o HCT. Algunas de estas subfamilias tratan de ocupar espacios antiguamente reservados para componentes TTL , teniendo disposición de pines similares a análogos TTL y alimentación de entre 0 a 5 V, como las familias 74 HC, o 74 HCT. No obstante esto, es importante tener presente que son componentes CMOS y no TTL, debiendo tomarse precauciones de compatibilidad.

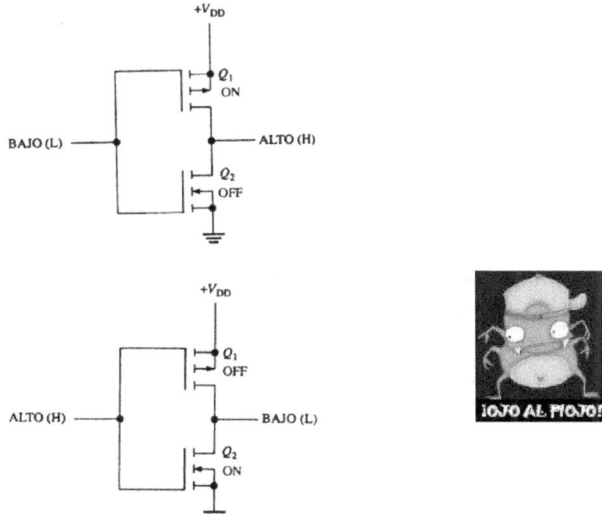

Se describe el funcionamiento de un inversor CMOS. Cuando se tiene un nivel bajo a la entrada, conduce el transistor PMOS (Q1) y no conduce el NMOS (Q2). Podemos plantearlo como un divisor resistivo cuya resistencia en conducción (R_{ON}) es de 200 ohms, y cuando no conduce (R_{OFF}), de 10^{12} ohms. Tendremos prácticamente V_{DD} a la salida, o sea un uno lógico, o nivel alto.

En forma análoga, si tenemos un nivel alto a la entrada, conducirá Q2, y no Q1, teniendo a la salida una tensión próxima a V_{SS}, o masa para este ejemplo.

La tensión de alimentación para esta familia lógica puede variar entre +/- 3 V a +/- 18 V de diferencia de tensiones entre V_{DD} y V_{SS}. Acepta valores negativos de tensión, habiendo aplicaciones que alimentan a estos componentes con tensiones como 15 V y 0, +10 V y 0 V, 12 V y 0, +5 y -5 V, o +5V y -7 V, como es el caso de algunas aplicaciones para el protocolo RS 232.

Es frecuente alimentar componentes CMOS entre 5 V y 0 V, para compatibilizar con componentes TTL, o simplemente para aprovechar la existencia de una fuente de alimentación única para ambos tipos de componentes.

La utilización de tensiones de alimentación de valor alto tiene la ventaja de mayores márgenes de ruido, lo cual puede ser ventajoso en ambientes ruidosos como los ambientes industriales.

Compuerta NAND CMOS

En el circuito de la figura los transistores Q1 y Q2 son PMOS, y Q3 y Q4 son NMOS. Con un nivel de tensión alto en la Compuerta, Gate o Graduador, conducen los transistores NMOS y con un nivel bajo, los transistores PMOS. Se verifica el cumplimiento de la Tabla de Verdad de la figura.

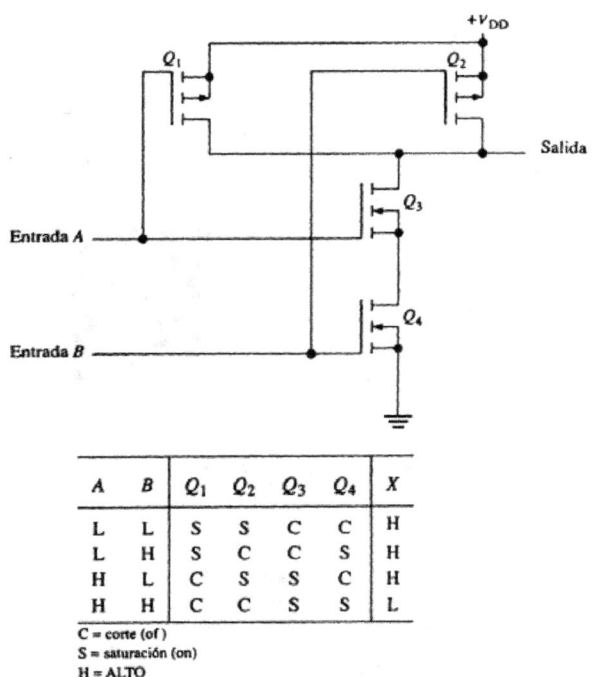

A	B	Q_1	Q_2	Q_3	Q_4	X
L	L	S	S	C	C	H
L	H	S	C	C	S	H
H	L	C	S	S	C	H
H	H	C	C	S	S	L

C = corte (of)
S = saturación (on)
H = ALTO
L = BAJO

Compuerta NOR CMOS

Un análisis similar al anterior permite verificar la Tabla de Verdad del circuito de la figura siguiente.

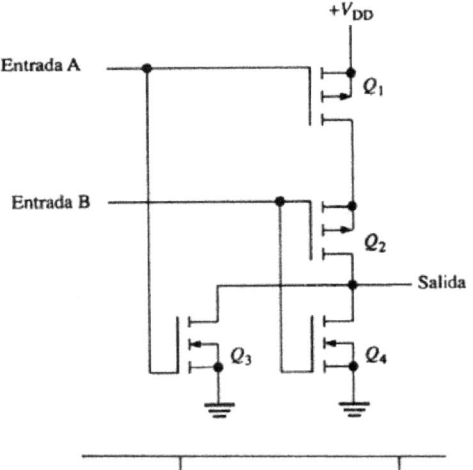

A	B	Q_1	Q_2	Q_3	Q_4	X
L	L	S	S	C	C	H
L	H	S	C	C	S	L
H	L	C	S	S	C	L
H	H	C	C	S	S	L

C= corte (off)
S= saturación (on)
H= ALTO
L= BAJO

Tensiones en la familia CMOS

La familia CMOS acepta un rango amplio de tensiones que van de los +/- 3V, a los +/- 18V, con un máximo de 18 V de diferencia entre VDD y VSS, a diferencia de la familia TTL que es mas restringida en cuanto a los valores de alimentación de sus componentes.

Esto hace que los valores reconocibles como "1" y "0" para esta familia puede aproximarse como tensiones por encima de (VDD-VSS) 2/3 para el nivel alto, a (VDD-VSS) 1/3 para el nivel bajo. En la figura se ejemplifica con alimentación de 0 a 5 V, que es un valor comúnmente empleado para compatibilizar con lógica TTL, aunque no es excluyente.

Introduccion a la Electronica Digital

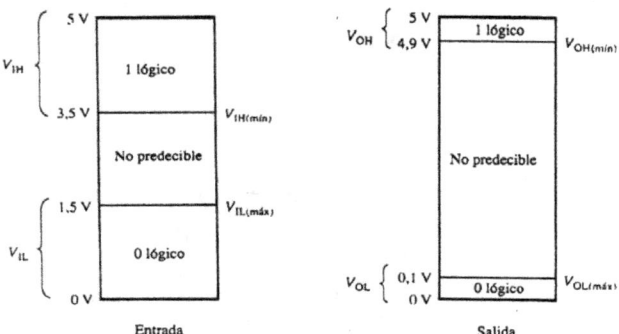

Es interesante observar que en CMOS los valores de tensión entregados por los componentes, se acercan mucho mas a los valores de VDD y VSS. Si a ello se agrega que los componentes reconocen como niveles lógicos válidos a los 2/3 y 1/3 del margen de alimentación, se tienen Márgenes de Ruido mas amplios que en TTL, siendo adecuados para ambientes ruidosos.

Fan out de los CMOS

El fan out, o cargabilidad de salida en esta familia lógica no presenta una limitación debida a la necesidad de corrientes de excitación, ya que éstas son sumamente bajas en esta familia. Las corrientes de Compuerta tienen valores del orden de los nanoAmperios.

El inconveniente de circuitos en donde se formen abanicos importantes de compuertas es que cada compuerta que se conecta a una salida dada, equivale a una carga extra de 5pF, los que se van sumando en paralelo, limitando la frecuencia máxima de trabajo de la aplicación. Es razonable asumir un Fan Out de 50 cargas de la familia 4000.

Si bien las corrientes en esta familia son bajas, cabe aclarar que aumentan con la frecuencia de trabajo.

Tiempo de propagación en CMOS.

El valor típico de retardo de propagación para CMOS, es de 25 nanosegundos para la familia 4000. En el cuadro de final de capítulo se muestran mas valores comparativos para diferentes familias.

AND cableada o Wired AND en CMOS.

La conexión AND cableada, analizada para la familia TTL, puede analizarse análogamente para esta familia lógica. Recordamos que la resistencia en conducción (RON) de un CMOS es de alrededor de 200 ohms, y que la resistencia en estado de no conducción es de 10^{12} ohms (ROFF). Al igual que para la familia TTL, esta conexión no presenta inconvenientes si ambas compuertas

Pablo Recabarren

conectadas por sus salidas estan a nivel alto, o ambas a nivel bajo. El problema se presenta cuando una de los dispositivos tiene un alto en su salida y el otro un bajo.

En este caso, analizado en la figura, se tiene que en los transistores que no conducen, sus resistencias equivalentes son tan altas que prácticamente no participan del circuito. Las resistencias que conducen forman un divisor resistivo con dos resistencias en serie de 200 ohms, siendo la salida, el punto medio entre éstas, midiéndose en ese punto el valor medio entre VDD y VSS, no siendo esto ni un "1", ni "0" lógicos, por lo que no se permite esta conexión para esta familia lógica.

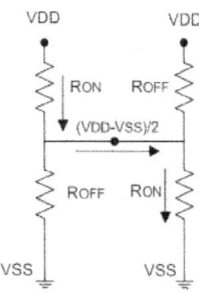 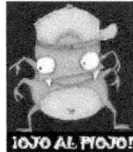

Se destaca que esta conexión, para el caso CMOS no es destructiva, como puede serlo en TTL, pero nos entrega al circuito un valor que se no reconoce como un nivel lógico válido.

Comparación entre TTL y CMOS.

TABLA
Comparación de funcionamiento de las familias lógicas CMOS y TTL.

Tecnología	CMOS		TTL				
	Puerta de silicio	Puerta de metal	Estándar	Schottky bajo consumo	Schottky	Schottky avanzada bajo consumo	Schottky avanzada
Serie de dispositivos	74HC	4000	74	74LS	74S	74ALS	74AS
Disipación de potencia (mW/puerta):							
Estática	0,0000025	0,001	10	2	19	1	8,5
A 100 kHz	0,17	0,1	10	2	19	1	8,5
Tiempo de retardo de programación (ns) ($C_L = 15$ pF)	8	50	10	10	3	4	1,5
Frecuencia máxima de reloj (MHz) ($C_L = 15$ pF)	40	12	35	40	125	70	200
Producto velocidad-potencia (pJ) (a 100 kHz)	1,4	11	100	20	57	4	13
Excitación de salida mínima I_{OL} (mA) ($V_O = 0,4$ V)	4	1,6	16	8	20	8	20
Fan-out:							
Carga LS	10	4	40	20	50	20	50
Misma-serie	*	*	10	20	20	20	40
Corriente de entrada máxima, I_{IL} (mA) ($V_I = 0,4$ V)	±0,001	−0,001	−1,6	−0,4	−2,0	−0,1	−0,5

* El fan-out depende de la frecuencia.

Interfases entre TTL y CMOS

En ocasiones es necesario compatibilizar diferentes familias lógicas, siendo el caso mas común el de circuitos en donde participan componentes TTL y CMOS, por lo que se presentan algunas soluciones para estos casos.

Cuando un TTL excita a un CMOS, si ambos estan alimentados ente 0 y 5V, el problema es que para el estado alto, el TTL puede entregar un nivel tan bajo como 2,4 V, pero el CMOS necesita un mínimo de 3,5 V para reconocer a un "1". Esto se soluciona con un pull-up pasivo, que levante el valor de salida del TTL. Esta solución también es válida cuando el CMOS tiene una tensión de alimentación mayor que la del TTL, aunque en ese caso el resistor de pull-up se conecta a la tensión de alimentación VDD del CMOS.

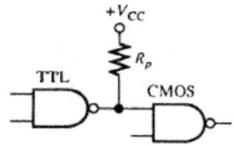

$$R_p = \frac{V_{CC} - V_{OL(mín)}}{I_{OL(TTL)} + nI_{IL(CMOS)}}$$

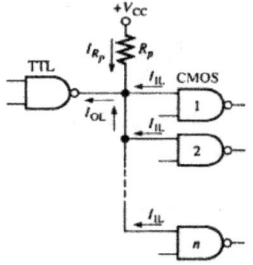

Cuando se trata de un CMOS atacando a un TTL, es problema es la limitada corriente de salida del CMOS que marca un fan out limitado frente a puertas TTL. En la figura se especifican fan-outs para diferentes familias TTL, excitadas por una puerta CMOS.

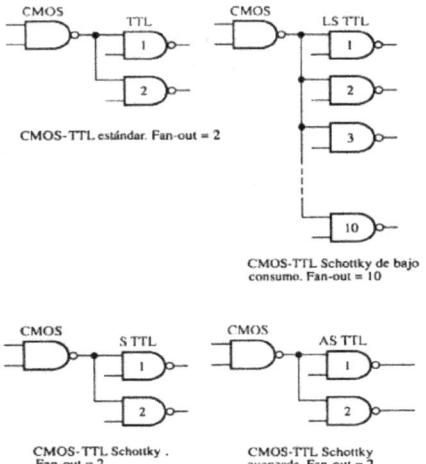

Compuerta de transmisión CMOS.

Cuando se trató el tema de los transistores de efecto de campo, se vió que éstos pueden transmitir tensiones analógicas entre Drenador y Surtidor. Analizando la forma de las regiones agotadas de portadores cuando se establecen los canales de conducción en CMOS, se ve que no son simétricas, dependiendo de si la tensión mas alta está del lado del drenador o del surtidor. Con el objeto de que la geometría de la zona o canal de conducción sea uniforme a lo largo de todo el dispositivo, se conectan dos transistores FET en antiparalelo, aplicando una tensión de control (A) en la Gate de uno y el complemento de tal tensión, a la Gate del otro. La idea es que conduzcan ambos simultáneamente teniendo una respuesta de corriente uniforme a lo largo del dispositivo. Ejemplos de este tipo de compuertas son los integrados CMOS CD 4066, CD 4016 y CD4051.

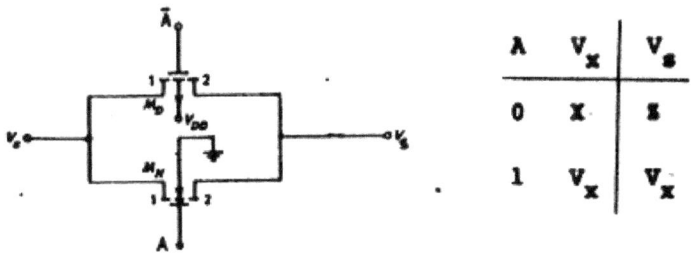

Introduccion a la Electronica Digital

Cuadros comparativos de características de Familias Lógicas

	74	74S	74LS	74AS	74ALS	74F
Parámetros de funcionamiento						
Retraso de propagación (ns)	9	3	9.5	1.7	4	3
Disipación de potencia (mW)	10	20	2	8	1.2	6
Producto velocidad-potencia (pJ)	90	60	19	13.6	4.8	18
Máxima frecuencia de reloj (MHz)	35	125	45	200	70	100
Factor de carga de la salida (para la misma serie)	10	20	20	40	20	33
Parámetros de voltaje						
V_{OH} (min)	2.4	2.7	2.7	2.5	2.5	2.5
V_{OL} (max)	0.4	0.5	0.5	0.5	0.4	0.5
V_{IH} (min)	2	2	2	2	2	2
V_{IL} (max)	0.8	0.8	0.8	0.8	0.8	0.8

	74HC/HCT	74AC/ACT	4000B	74	74LS	74AS	74ALS	ECL
Disipación de potencia por compuerta (mW)								
Estática	2.5×10^{-3}	5.0×10^{-3}	1.0×10^{-3}	10	2	8	1.2	25
A 100 kHz	0.17	0.08	0.1	10	2	8	1.2	25
Retraso en la propagación (ns)	8	4.7	50	9	9.5	1.7	4	1
Velocidad-potencia (a 100 kHz) (pJ)	1.4	0.37	5	90	19	13.6	4.8	25
Máxima frecuencia de reloj (MHz)	40	100	12	35	45	200	70	300
Margen de ruido para el peor de los casos (V)	0.9	0.7	1.5	0.4	0.3	0.3	0.4	0.25

4
ARITMETICA BINARIA

El antiguo matemático hindú Pingala presentó la primera descripción que se conoce de un sistema de numeración binario en el siglo tercero antes de nuestra era, lo cual coincidió con su descubrimiento del concepto del número cero.

Una serie completa de 8 trigramas y 64 hexagramas (análogos a 3 bit) y números binarios de 6 bit, eran conocidos en la antigua china en el texto clásico del I Ching. Series similares de combinaciones binarias también han sido utilizados en sistemas de adivinación tradicionales africanos, como el Ifá, así como en la geomancia medieval occidental.

Un arreglo binario ordenado de los hexagramas del I Ching, representando la secuencia decimal de 0 a 63, y un método para generar el mismo, fue desarrollado por el erudito y filósofo Chino Shao Yong en el siglo XI. Sin embargo, no hay ninguna prueba de que Shao entendió el cómputo binario.

En 1605 Francis Bacon habló de un sistema por el cual las letras del alfabeto podrían reducirse a secuencias de dígitos binarios, las cuales podrían ser codificados como variaciones apenas visibles en la fuente de cualquier texto arbitrario.

El sistema binario moderno fue documentado en su totalidad por Leibniz, en el siglo diecisiete, en su artículo "Explication de l'Arithmétique Binaire". En él se mencionan los símbolos binarios usados por matemáticos chinos. Leibniz usó el 0 y el 1, al igual que el sistema de numeración binario actual.

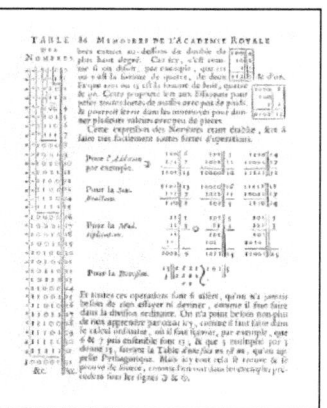

En 1854, el matemático británico George Boole, publicó un artículo que marcó un antes y un después, detallando un sistema de lógica que terminaría denominándose Algebra de Boole. Dicho sistema desempeñaría un papel fundamental en el desarrollo del sistema binario actual, particularmente en el desarrollo de circuitos electrónicos.

En 1937, Claude Shannon realizó su tesis doctoral en el MIT, en la cual implementaba el Álgebra de Boole y aritmética binaria utilizando relés y conmutadores por primera vez en la historia. Titulada Un Análisis Simbólico de Circuitos Conmutadores y Relés, la tesis de Shannon básicamente fundó el diseño práctico de circuitos digitales.

En noviembre de 1937, George Stibitz, trabajando por aquel entonces en los Laboratorios Bell, construyó un ordenador basado en relés - al cual apodó "Modelo K" (porque lo construyó en una cocina, en inglés "kitchen")- que utilizaba la suma binaria para realizar los cálculos. Los Laboratorios Bell autorizaron un completo programa de investigación a finales de 1938, con Stibitz al mando. El 8 de enero de 1940 terminaron el diseño de una Calculadora de Números Complejos, la cual era capaz de realizar cálculos con números complejos. En una demostración en la conferencia de la Sociedad Americana de Matemáticas, el 11 de septiembre de 1940, Stibitz logró enviar comandos de manera remota a la Calculadora de Números Complejos a través de la línea telefónica mediante un teletipo. Fue la primera máquina computadora utilizada de manera remota a través de la línea de teléfono. Algunos participantes de la conferencia que presenciaron la demostración fueron John Von Neumann, John Mauchly y Norbert Wiener, el cual escribió acerca de dicho suceso en sus diferentes tipos de memorias en la cual alcanzó diferentes logros.

SUMA BINARIA

En todo sistema de numeración, se expresa a los diferentes valores numéricos como una sumatoria de términos formados por un coeficiente perteneciente a la base simbólica, por potencias c recientes de la base, así expresamos a un número binario como una sumatoria de términos, cuyos coeficientes son "1", o "0", multiplicados por potencias de 2. El término de menor peso (potencia 0, en el ejemplo) es el bit menos significativo (LSB, less significant bit), y el de ,mayor peso, bit mas significativo (MSB).

Ejemplo: $1101_2 = 1 \times 2^3 + 1 \times 2^2 + 0 \times 2^1 + 1 \times 2^0 = 13_{10}$

Una operación de suma se efectúa de manera similar a como lo hacemos con números decimales.

$$\begin{array}{r} 0100_2 \\ + \ 0111_2 \\ \hline 1011_2 \end{array} \quad \Longrightarrow \quad \begin{array}{r} 4_{10} \\ + \ 7_{10} \\ \hline 11_{10} \end{array}$$

Implementaremos un circuito digital que pueda realizar esta operación.

CIRCUITO SEMISUMADOR

La Tabla de verdad de la función suma binaria de dos bits tiene dos salidas, el resultado de la suma de los bits sumandos, y otra con el acarreo (Carry = cy) del resultado. En rigor, se trata de una función conocida como de semisuma, ya que no tiene en cuenta la posibilidad de que exista un acarreo de entrada, que podría ser resultante de la suma de una columna de bits de su derecha.

Tabla de Verdad del Semisumador

a	b	Suma (S)	Acarreo de salida (Cout)
0	0	0	0
0	1	1	0
1	0	1	0
1	1	0	1

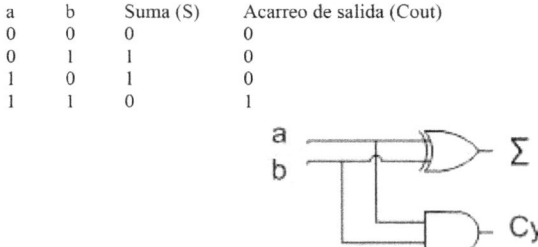

Este circuito se conoce como circuito semisumador.

CIRCUITO SUMADOR TOTAL

La función de suma total, o simplemente suma, a diferencia del semisumador, incorpora una entrada más con el acarreo de entrada (Cin), o acarreo de una columna sumadora anterior. Como se puede apreciar, un semisumador sólo es útil cuando suma los bits menos significativos de los sumandos, pero el resto de las columnas de una suma, o posiciones de mayor orden deben ser sumadores totales.

Es interesante pensar las operaciones aritméticas en términos de su implementación circuital. Los números de deben ser sumados, o sumandos, son números binarios de una cantidad limitada de bits, que van a estar alocados en registros, los que físicamente tendrán una cantidad limitada de flip flops. Eso significa que si la suma de n bits, da como resultado un número de mas de n bits, tal bit excedente no podrá ser alocado en el registro del resultado y se producirá lo que se denomina rebasamiento u overflow.

Tabla de Verdad del sumador Total

Cin	a	b	Suma ?	Cy
0	0	0	0	0
0	0	1	1	0
0	1	0	1	0
0	1	1	0	1
1	0	0	1	0
1	0	1	0	1
1	1	0	0	1
1	1	1	1	1

?

ab / Cin	00	01	11	10
0		1		1
1	1		1	

Cout

ab / Cin	00	01	11	10
0			1	
1		1	1	1

? = $(\bar{a}.b + a.\bar{b}).Cin + \overline{Cin}(\overline{a.b} + a.b) = (a \oplus b).\overline{Cin} + \overline{(a \oplus b)}.Cin$

Cout = $a.b + Cin.a + Cin.b$

Y circuitalmente ...

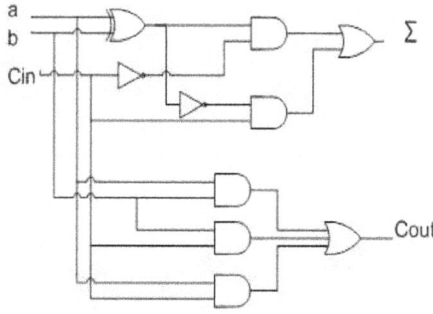

Un sumador binario de 4 bits es un circuito integrado comercial que incorpora 4 módulos sumadores totales como el presentado.

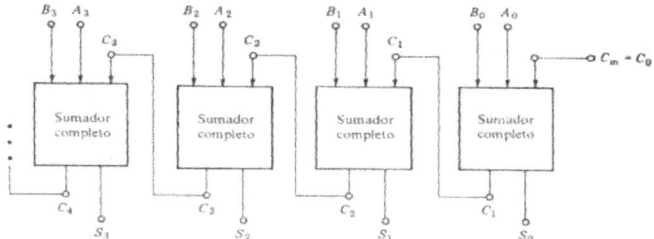

Sumador paralelo que utiliza un array de sumadores.

El circuito de la figura tiene a C_0 como acarreo de entrada y a C_4 como acarreo de salida (Cy). También pueden conectarse estos circuitos integrados en cascada para realizar sumas de mayor número de bits.

Una consideración inevitable es acerca del tiempo de actuación de los componentes y como el agregado de etapas trae aparejado un circuito que si bien realiza suma de mayor número de bits, esto hace que se demore mucho más. En el circuito esquemático del sumador total se puede ver que el camino de flujo de dato que mas compuertas conlleva, implica la actuación de 4 compuertas hasta obtener un valor estable en la salida ? . Entrando por a, o b, se pasa primero por una compuerta EXOR, luego una compuerta inversora, una AND y finalmente antes de la salida, una compuerta OR. Si suponemos que el tiempo de propagación típico de una compuerta de una familia lógica determinada es tp, el tiempo que demora el sumador total en alcanzar un valor estable a su salida es 4 tp . En el sumador binario de 4 bits, este tiempo de actuación se multiplica por 4, tardándose 16 tp, en obtenerse un valor estable en C4. En esta arquitectura de sumador, la demora es inevitable en el establecimiento del valor definitivamente estable del acarreo final.

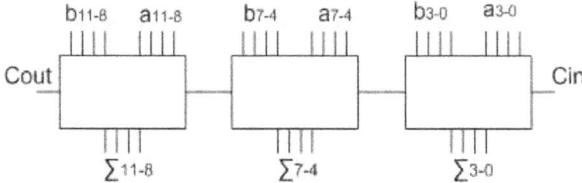

Tres sumadores de 4 bits, conformando una suma de 12 bits.

El circuito de la figura permite realizar la suma de números de N bits mediante el empleo de registros de desplazamientos dinamicos y un único módulo sumador total. En cada flanco de la señal de reloj los bits de posiciones análogas de ambos sumandos se presentan a las entradas del sumador. El resultado de la suma se establece a la salida del módulo sumador, y a la entrada del registro de desplazamientos que almacena el resultado o suma. El acarreo de salida del módulo sumador va a la entrada D, de un flip flor.

Introduccion a la Electronica Digital

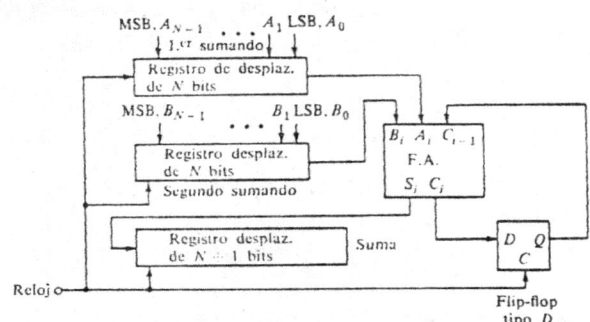

Sumador serie.

Luego del siguiente flanco, el valor de suma anterior, avanza una posición en el registro correspondiente, el acarreo de salida de la suma anterior se establece en la salida Q del flip flop D y se suma a los siguientes bits de los sumandos. La limitación a la cantidad de bits a sumar la da la cantidad de flip flops de los registros, y el principal inconveniente es que este circuito necesita tantos pulsos de reloj como bits tengan los registros, mas uno, y eso puede ser demasiado tiempo para la mayoría de las aplicaciones.

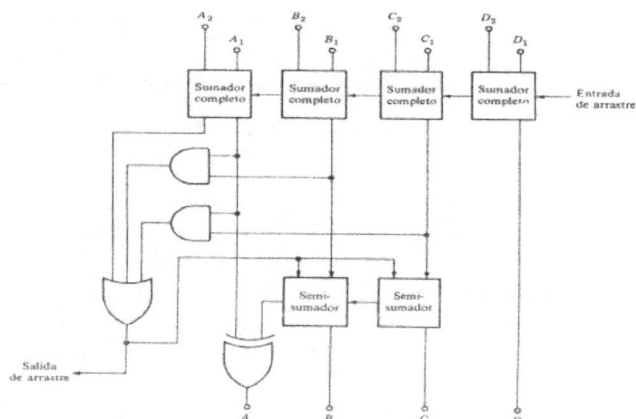

Etapa de lógica para sumar números BCD.

El sumador de la figura es un circuito sumador BCD (Binary Coded Decimal). El sistema de numeración BCD, es un sistema de numeración decimal y no binario como puede creerse, con una base de numeración que es el 10. A partir del 10mo. Símbolo, éstos deben comenzar a repetirse para representar valores mayores. En un sistema de numeración binario de 4 bits, las posibles combinaciones de "1" y "0" son 16 en total. En BCD solamente se utilizan las 10 primeras, por lo que las combinaciones correspondientes a los números decimales del 10 al 15 deben "saltearse", y es por ello que un circuito sumador BCD debe detectar esas combinaciones y en el caso de que se presenten, se debe sumar el valor 6, obteniéndose el valor correcto. La salida de arrastre de la figura se pone en "1" cuando se presentan las combinaciones inexistentes en el código y este "1" forma el número binario 0110 (6 en decimal), que se suma con los dos bloque sumadores de la parte inferior, haciendo lo que se denomina "ajuste decimal".

SUMADOR DE ACARREO ANTICIPADO

El problema de los retardos en los acarreos es abordado por los sumadores de acarreo anticipado o lock ahead carry adder.

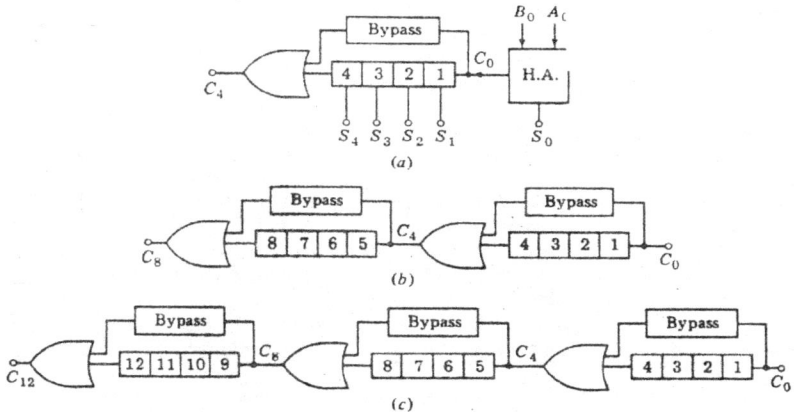

Etapas de sumador shuntadas por desvíos de acarreo.

En éstos, los acarreos individuales de los diferentes módulos es obtenido en forma concurrente con la ejecución de la suma, de modo tal de que no sea necesario finalizar cada suma de bit para el cálculo de los acarreos siguientes. Esto se denomina bypass de acarreo y se mejoran sustancialmente los tiempos de actuación, mediante esta técnica.

No se analizarán en detalle, pero a medida de que se aumenta el número de bits a sumar, los sumadores de acarreo anticipado o sumadores rápidos, la disminución de tiempos también mejora.
RESTA BINARIA

REPRESENTACION DE NUMEROS CON SIGNO

Para enfrentar el problema de la resta, debemos primero definir una convención para números negativos y a partir de esto, efectuar la resta como una suma de un número negativo. Existen diferentes maneras o sistemas de representación de números con signo.

Introduccion a la Electronica Digital

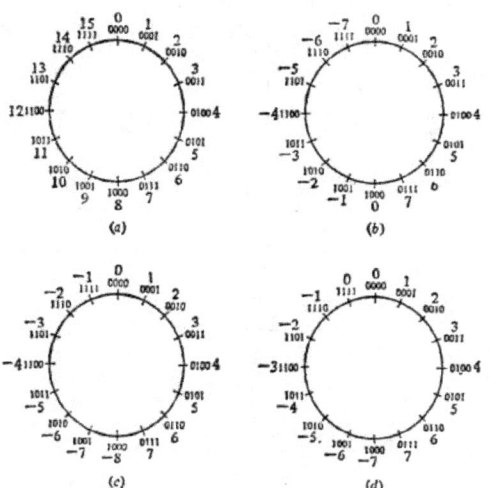

Posibles asignaciones de significado numérico a las posiciones de registro: (a) Natural, (b) signo-magnitud, (c) complemento a dos, (d) complemento a uno.

Lo primero que se debe definir para establecer cualquier convención de signos es el módulo o la cantidad de bits con que se trabajará. En rigor se denomina módulo a la cantidad máxima de números a representar, y la cantidad de bits nos da el módulo, como la base (2), elevado a la potencia m (módulo).

En la parte (a) de la figura tenemos la representación denominada binario natural. Todos los números son positivos y van del 0000 al 1111, en módulo 16 o de 4 bits.

En (b) la convención de signo-magnitud. En ésta, el primer bit es el signo, siendo "0" si el número es positivo y "1" para números negativos. Los tres bits restantes representan al número siendo tanto los positivos como los negativos iguales, diferenciándose solamente en el bit de signo. Por ejemplo, el 5 es 0101 y el -5 sería 1101.

En (c) se tiene la representación de complemento a 2, y en (d), el complemento a 1. Ambas se tratan en detalle a continuación.

RESTA EN CONVENCION DE COMPLEMENTO A 1

El complemento a 1 de un número binario es simplemente el complemento bit a bit del número en cuestión. El complemento a 1 del número $0100_2 = 4_{10}$, es 1011_2. Obsérvese que es importante fijar previamente la cantidad de bits con que se representará el número, ya que si se hubiese usado una representación en 8 bits, por ejemplo, el complemento a 1 del 4_{10} habría sido $1111\ 1011_2$ y no 1011_2.

Para efectuar la resta $7_{10} - 2_{10} = 5_{10}$ encontramos el complemento a 1 del número 2_{10} y lo sumamos del siguiente modo:

```
  0111₂   (7₁₀)
+ 1101₂   (-2₁₀)
1 0100₂
     ↳ 1₂
  0101₂   (5₁₀)
```

Nótese que el rebasamiento debe sumarse al bit menos significativo para obtener el resultado final de la resta.

Probamos ahora $5_{10} - 10_{10} = -5_{10}$, teniendo en cuenta que para representar números mayores que 7, con signo, necesito al menos 5 bits en la representación. Definida la cantidad de bits de una representación en complemento a 1, se ve que si e número tiene como primer cifra un 1, se trata de un número negativo.

```
  00101₂
+ 10101₂
  11010₂      (-5₁₀)
```

RESTA EN CONVENCION DE COMPLEMENTO A 2

Encontramos el complemento a 2 de un número binario haciendo el complemento a 1 y se le suma 1. Por ejemplo, el complemento a 2 del 2_{10}, es 1110_2. Para la resta $7_{10} - 2_{10} = 5_{10}$, hacemos

```
  0111₂
+ 1110₂
 ✗ 0101₂
```

Hacemos $3_{10} - 8_{10} = -5_{10}$ ...

```
  00011₂    (3₁₀)
+ 11000₂    (-8₁₀)
  11011₂    (-5₁₀)
```

También verificamos en esta convención, que los números negativos comienzan con un 1. El rebasamiento se pierde.

CIRCUITO SUMADOR-RESTADOR EN COMPLEMENTO A 2, ACUMULADOR.

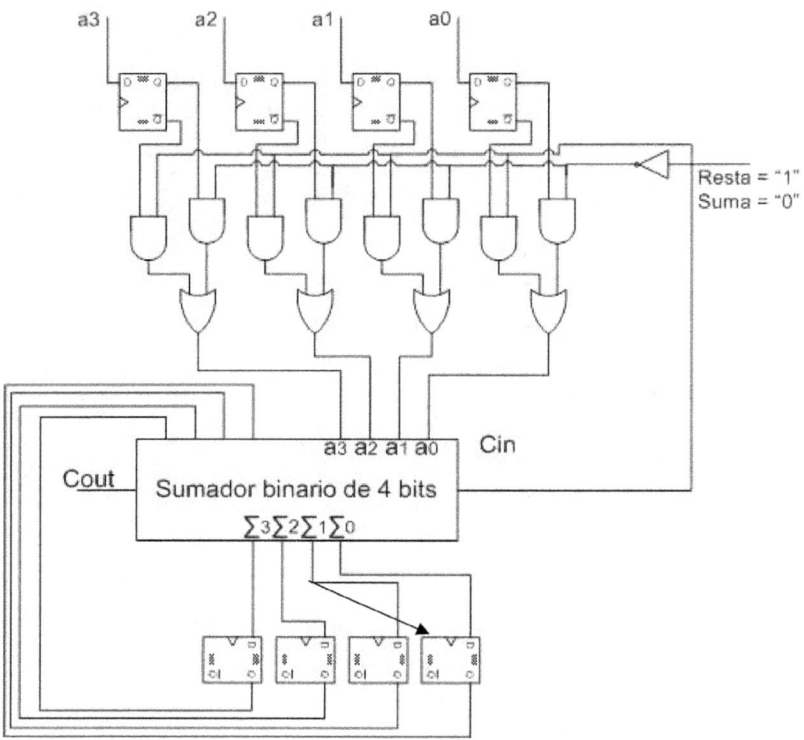

En el circuito que se presenta en la figura, el sumando se presenta en el registro de flip flops de entrada. Dependiendo de si la entrada de control "suma/resta" está en "1", o en "0", se toman las salidas Q de los flip flops o sus complementos (caso de "resta"). Los flip flops hacen el complemento a 1, del número, pero el "1" de la entrada, se suma en el circuito sumador binario de 4 bits, por su entrada Cin, con lo que se completa la operación de complemento a 2. El resultado de la suma es transferido a la salida del registro de 4 flip flops de la parte inferior, y luego del pulso de reloj, se suma al nuevo sumando que se presenta en la entrada, obteniéndose en cada ciclo de reloj, la suma acumulada de números que se van presentando sucesivamente en los flip flops de entrada. Si la entrada "suma/resta" está en 0, se realiza una operación de suma acumulada.
RESTA BCD

En BCD se usa la convención de complemento a 9. El número -27, en complemento a 9 es 99 − 27 = 72, en BCD es 0111 0010.

Por ejemplo, 24 − 17 = 7 será, ...

```
         0010 0100   ( 24₁₀)
        +1000 0010   (-17₁₀)
         1010 0110
aj.dec.  0110
       1  0000
              ↘ 1
          0111   ( 7₁₀)
```

El sistema de numeración BCD es de base 10, ya que es un sistema decimal. Se consideran sólo las diez primeras combinaciones de 0 y 1, en cuatro bits, para las representaciones numéricas del 0 al 9, por lo que las combinaciones desde 1010 a 1111 no se emplean pues no están definidas como símbolos de la base de representación, por lo que se las saltea. Para ello, cuando las sumas dan valores por encima de 1001 (9), debe sumársele 0110 (6), operación que se denomina "ajuste decimal".

Una etapa importante en resta BCD es el generador de complemento a 9, encargado de obtener el número negativo a sumar, para conformar la resta. El generador de complemento a 9, consiste en una resta en complemento a 1, del 10_{10}, o sea 1010_2. Un circuito generador de complemento a 9 será como el que se muestra.

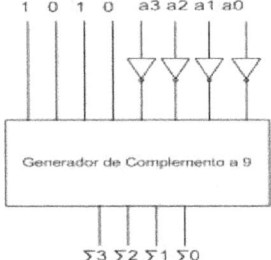

y en la figura siguiente tenemos un restador BCD, en que el acarreo de salida (rebasamiento), se suma a la entrada, como en la operación numérica.

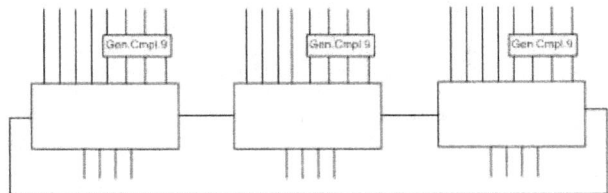

CIRCUITO SUMADOR RESTADOR EN CONVENCION DE SIGNO MAGNITUD.

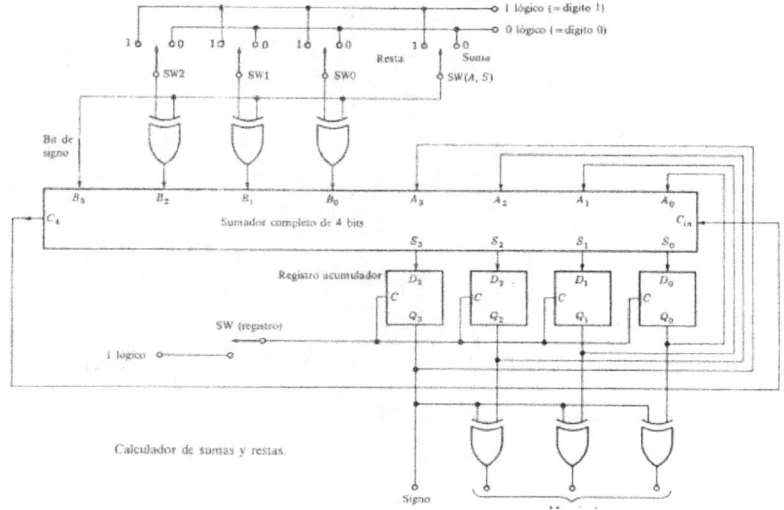

En este esquema, la llave SW(A,S) selecciona la operación. Si se pone en "1", efectúa una resta y además, este "1" es usado como signo negativo. Trabaja a modo de acumulador, restando o sumando el valor acumulado en los registros en el ciclo anterior, con el número que se presenta posteriormente a la entrada.

MULTIPLICACION

MULTIPLICACION POR POTENCIAS DE 2

Una forma sencilla de multiplicar por potencias de 2 (2, 4, 8, 16, ...) es utilizando un registros de desplazamientos bidireccional. Cada posición que el número se corre en la dirección del bit menos significativo se corresponde con una división por 2. Si lo hace en la dirección del bit más significativo, se trata de una multiplicación por 2, por cada posición en que se desplazó.

$00011010_2 = 26_{10}$

$00001101_2 = 13_{10}$

$00110100_2 = 52_{10}$

MULTIPLICACION BINARIA

Un ejemplo de multiplicación binaria, ya no por números potencias de 2, sino por un número cualquiera, sería el siguiente.

$$\begin{array}{r} 1001_2 \quad (9_{10}) \\ \times\ 1011_2 \quad (11_{10}) \\ \hline 1001_2 \\ 1001_2 \\ +\ 0000_2 \\ \underline{1001_2} \\ 11000112 \quad (99_{10}) \end{array}$$

Desde un punto de vista circuital, vemos que se trata de repetir el número, si el multiplicador es "1", o de poner "0", si el multiplicador es "0". Luego sumamos esas cantidades, desplazadas una posición por cada sumando, pudiendo hacerse esto con un registro de desplazamientos.

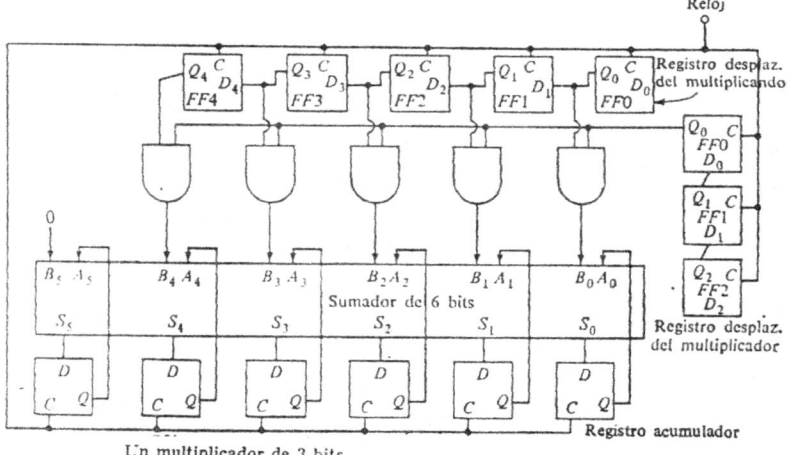

Un multiplicador de 3 bits.

En el circuito multiplicador que se presenta uno de los factores ingresa en el arreglo de flip flops en modo de registro de desplazamientos superior. Notar que a cada pulso de reloj, el número almacenado en este registro se desplaza una posición a la izquierda. El multiplicador está almacenado en el registro de desplazamientos lateral y en este caso vemos que sus bits entran, ciclo a ciclo, en las compuertas ANDs, haciendo que el número a multiplicar se presente tal cual si el bit presente en ese ciclo en las entradas de las ANDs es "1", y todos ceros, si éste es "0". Los sucesivos números presentes en las salidas del registro superior, se van sumando iterativamente en el sumador – acumulador, obteniéndose el resultado al cabo de n ciclos, para una multiplicación de n bist, adonde n es la cantidad de bits del multiplicador del registro lateral.

DIVISION BINARIA

Análogamente, la división puede ser hecha, al igual que la multiplicación, de forma similar a como se procede con un sistema de numeración decimal, o sea una resta iterada.

$$100'1_2 \underline{/11_2} \qquad (9_{10}/3_{10}) \quad \text{ó} \qquad 11'0'0_2 \underline{/11_2} \quad (12_{10}/3_{10})$$
$$1\,1 \quad\;\; 11_2 \qquad\qquad\qquad\qquad\qquad 0\,0\,0\;\;\;100_2$$
$$0$$

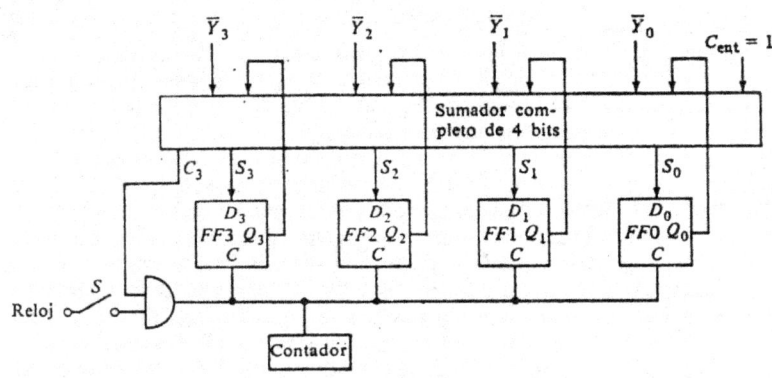

Un divisor por sustracciones repetidas.

En este circuito, la resta iterada se hace en complemento a 1, por lo que las entradas Y se presentan complementadas, y se van restando sucesivamente, hasta que el bit de acarreo indica rebasamiento. El contador inferior lleva la cantidad de restas que se realizan, o sea, el resultado de la división.

REPRESENTACION DE NUMEROS FRACCIONARIOS

En aritmética binaria, se pueden representar a números fraccionarios de diferentes maneras. Se emplean unas u otras dependiendo de tipo de aplicación. No es lo mismo si se trata de aplicaciones de complejidad limitada, o integrantes de un sistema de cómputo, por ejemplo.

Los números fraccionarios pueden representarse como sistema de coma o punto fijo o de coma o punto flotante. En el primer caso, la parte fraccionaria del número está dada por la posición.

$$011011,11_2$$
$$+\,\underline{100001,01_2}$$
$$111101,00_2$$

Pablo Recabarren

En donde el número $111101_2 = 1\text{x }2^5 + 1\text{x}2^4 + 1\text{x}2^3 + 1\text{x}2^2 + 0\text{x}2^1 + 1\text{x}2^0 + 0\text{x}2^{-1} + 0\text{x}2^{-2} =$

$= 32_{10} + 16_{10} + 8_{10} + 4_{10} + 0_{10} + 1_{10} + 0,5_{10} + 0,25_{10} = 61,75_{10}$

El inconveniente es que al no poder desplazarse la posición de la coma o punto decimal, el mínimo valor representable es 0,01 y no el 0,0000001, con el que se aprovecharía al máximo el número de flip flops que determinan el tamaño de los registros. El máximo valor, entretanto, es el 111111,11, y no el 11111111 como sería deseable.

En la representación de punto flotante los números se forman con un bit de signo, un exponente, y una mantisa o parte significativa. Cuanto mayor sea la cantidad de bits de la representación, con mayor precisión se representan las cantidades.

La expresión general es de la forma $n = m.B^e$ en la que n es el número, m es la mantisa, B es la base del sistema y e el exponente.

De ese modo se tienen números de punto flotante en simple precisión (4 bytes = 32 bits), doble precisión (8 bytes = 64 bits) y aún mayores. Veamos un ejemplo empleado en la familia de microprocesadores INTEL según la norma IEEE-754.

Decimal	binario	normalizado	signo	exponente	mantisa
$+12_{10}$	1100_2	1.1×2^3	0	10000010	1000000 00000000 00000000
			1 bit	8 bits	24 bits

Observamos que en la representación de signo, exponente y mantisa se utilizan 33 bits. En rigor, se usan sólo 32 bits, ya que el primer uno de la mantisa, no se indica nunca. Vemos otro ejemplo.

$+100_{10}$	1100100_2	$1.1001\text{x}2^6$	0	10000101	1001000 00000000 00000000

El exponente está polarizado, ya que puede ser positivo o negativo. En el primer ejemplo el exponente debe ser 3, y se representa 127+3 = 130. En el segundo caso es 127+6 = 133.

Este tipo de representación es de utilidad en sistemas de cómputo o microcómputo, aunque no es de especial interés en electrónica digital básica por el tipo de aplicaciones que se desarrollan.

SISTEMAS DE NUMERACION Y CODIGOS BINARIOS

Sistemas de numeración más empleados en técnicas digitales

DECIMAL	BINARIO	BCD (Binary Coded Decimal)	HEXADECIMAL	OCTAL
0	0000	0000 0000	0	0
1	0001	0000 0001	1	1
2	0010	0000 0010	2	2
3	0011	0000 0011	3	3

4	0100	0000 0100	4	4
5	0101	0000 0101	5	5
6	0110	0000 0110	6	6
7	0111	0000 0111	7	7
8	1000	0000 1000	8	10
9	1001	0000 1001	9	11
10	1010	0001 0000	A	12
11	1011	0001 0001	B	13
12	1100	0001 0010	C	14
13	1101	0001 0011	D	15
14	1110	0001 0100	E	16
15	1111	0001 0101	F	17
16	1 0000	0001 0110	10	20
17	1 0001	0001 0111	11	21
18	1 0010	0001 1000	12	22
19	1 0011	0001 1001	13	23
20	1 0100	0010 0000	14	24

En todo sistema de numeración, cualquier número se puede representar como

$$N_b = a_n\, b^n + a_{n-1}\, b^{n-1} + \ldots + a_0\, b^0 + a_{-1}\, b^{-1} + \ldots + a_{-p}\, b^{-p}$$

En donde b es la base del sistema de numeración.

Ejemplo: $\quad 87{,}54_{10} = 8.10^1 + 7.10^0 + 5.10^{-1} + 4.10^{-2}$

ó

$$111101{,}01_2 = 1\mathrm{x}\,2^5 + 1\mathrm{x}2^4 + 1\mathrm{x}2^3 + 1\mathrm{x}2^2 + 0\mathrm{x}2^1 + 1\mathrm{x}2^0 + 0\mathrm{x}2^{-1} + 1\mathrm{x}2^{-2}$$

CODIGOS

Un código es una representación unívoca de los elementos de un conjunto, de tal forma que a cada una de éstas se le asigna una combinación determinada y viceversa.

Es importante tener presente que los códigos se diseñan o desarrollan con propósitos específicos, por lo que desde su implementación o generación, se les dota de determinadas propiedades que lo harán adecuado para tal fin. Estos propósitos pueden ser la detección y/o corrección de errores, por ejemplo. En el manejo, ya especialmente en la transmisión de información numérica, es posible que se produzcan errores debido a la presencia de ruido en el proceso, o por falla en alguno de los componentes involucrados. La necesidad de lograr tasas altas de transferencia de información digital conlleva a un aumento de la probabilidad de ocurrencia de errores, por lo que los métodos para evitarlo, o para resolver su ocurrencia son también, cada vez mas necesarios y eficaces.

CODIGOS BINARIOS

Son códigos cuyas representaciones se basan en los símbolos "0" y "1". Son particularmente adecuados para la representación de valores numéricos en sistemas electrónicos digitales. En general, tratándose de códigos binarios, llamaremos símbolo a cada combinación diferente o a cada representación distinta de un valor numérico.

Algunas definiciones van a ser particularmente útiles en este breve tratamiento sobre códigos binarios.

Distancia entre símbolos: Cantidad de elementos que cambian de una combinación a otra.

0011
0100 } Distancia = 3

0101 } Distancia = 1

Distancia mínima de un código: Mínima cantidad de cambios entre dos elementos cualquiera del código.
Elementos adyacentes: Cuando la distancia entre ellos es la unidad.

PROPIEDADES

La distancia mínima de un código es de fundamental importancia ya que en los códigos de distancia mínima igual a la unidad, todas las combinaciones posibles de los elementos que conforman un símbolo pertenecen al código no siendo posible detectar que alguna de estas combinaciones sea una combinación errada. Un código que debe poder detectar errores, debe comenzar por tener una distancia mínima mayor a la unidad. Esta condición es necesaria, aunque no suficiente.

Otra consideración importante es que la eficacia de un código para detectar o corregir errores tiene un valor estadístico. El que una codificación pueda detectar la presencia de un error, no nos garantiza ni que indefectiblemente una error va a ser detectado ni que no vaya a ocurrir mas de un error. Lo que si podemos afirmar es que la probabilidad de ocurrencia de que un error de transmisión no sea detectada es mucho mas baja que si no se hace nada al respecto.

Los códigos binarios pueden ser;

Contínuo: Cuando los elementos del código son todos adyacentes con el siguiente elemento.
Cíclico: Cuando el último elemento es adyacente al primero.
Ponderado: Cuando la posición del elemento tiene un peso dado por la misma.

ALGUNOS CODIGOS BINARIOS

CODIGO GREY

El código Grey es un código contínuo, cíclico y no ponderado. La adyacencia de sus símbolos lo hace inadecuado para la detección de errores, ya que su distancia mínima es la unidad. Cualquier combinación de "1" y "0" puede pertenecer al código, no pudiendo considerarse un error a ninguna de ellas.

```
0000  ▲▲▲▲   0
0001   ▼ │    1
0011     │   2
0010   ▼ │   3
0110     │   4
0111     │   5
0101     │   6
0100   ▼ │   7
1100     │   8
1101     │   9
1111     │  10
1110     │  11
1010     │  12
1011     │  13
1001     │  14
1000   ▼   15
```

CODIGO JOHNSON

Es contínuo, cíclico y no ponderado. Este código tiene características similares al anterior, en cuanto a su capacidad de detección de errores.

```
00000  0
00001  1
00011  2
00111  3
01111  4
11111  5
11110  6
11100  7
11000  8
10000  9
```

CODIGO AIKEN

Es binario ponderado, y autocomplementario a 9. La suma de cada símbolo con su complemento es igual a 1111 (9_{10})

	2	4	2	1
0	0	0	0	0
1	0	0	0	1
2	0	0	1	0
3	0	0	1	1
4	0	1	0	0
5	1	0	1	1
6	1	1	0	0
7	1	1	0	1
8	1	1	1	0
9	1	1	1	1

BCD Exceso 3

Este código es ponderado y autocomplementario a 9. Complementando bit a bit cada símbolo, se obtiene el complemento a 9 del mismo. En la tabla siguiente se presenta este código, mas el agregado de una columna con un bit de paridad impar. El bit de paridad será 1, si la cantidad de unos de la combinación es par, y 0, en caso contrario. El bit de paridad se agrega a los elementos básicos de cada símbolo, con lo que se logra por definición, un aumento de la distancia mínima del código. Este código tiene capacidad de detectar en error de un bit.

Decimal	BCD	BCD Exceso 3	bit de paridad impar
0	0000	0011	1
1	0001	0100	0
2	0010	0101	1
3	0011	0110	1
4	0100	0111	0
5	0101	1000	0
6	0110	1001	1
7	0111	1010	1
8	1000	1011	0
9	1001	1100	1

La paridad, ya sea ésta par, o impar, es muy utilizada para la detección de error en un bit, ya que por su sencillez y fácil implementación, fortalece al código frente a la ocurrencia de errores, con muy bajo costo de recursos.

CRC, Cyclic Redundante Checksum o Control de Redundancia Cíclica o Paridad Entrelazada.

```
        0   0  ⎫
    1   1      ⎪
        0   0  ⎪
    1   1      ⎬  bits de información
        1   1  ⎪
    0   0      ⎪
        0   0  ⎪
    1   1      ⎭
        1      ⎫
        1      ⎬  bits de paridad
```

Se obtiene la paridad de los elementos de posiciones pares (rojo) y otra paridad para los impares (azul). Las paridades se agregan al código como dos bits extra. Es un método de fácil implementación con una razonable eficacia de detección de errores.

CODIGO 2 ENTRE 5 Y CODIGO BIQUINARIO

	2 ENTRE 5	BIQUINARIO
		Peso 5043210
0	01100	0100001
1	11000	0100010
2	10100	0100100
3	10010	0101000
4	01010	0110000
5	00110	1000000
6	10001	1000001
7	01001	1000010
8	00101	1000100
9	00011	1001000

El primero de éstos es no ponderado, y el segundo es ponderado. Un circuito detector de paridad es útil para determinar la presencia de los dos "1" de cada combinación. La distancia mínima es superior a la unidad, como se puede ver, por lo que son códigos detectores de error.

En general, el número de bits erróneos que se pueden detectar es igual al número en que la distancia mínima es superior a la unidad.

CODIGO DETECTOR Y CORRECTOR DE ERROR

Los códigos de distancia mínima dos, vistos anteriormente, permiten detectar un error, pero no corregirlo, pues al producirse un error, la combinación generada (por error) posee como mínimos dos elementos adyacentes, no pudiendo discernirse de cual proviene, incluso asumiendo que el error es de un solo bit. En el código BCD exceso 3, con bit de paridad vist anteriormente, si se presenta la combinación errada 10001, sabemos de la existencia de un error, ya que esa combinación no pertenece al código, pero es imposible saber si el número original previo al error en un bit es el 10000 o la 10011. Ambos símbolos pueden ser la combinación 10001, con un solo bit errado.

CODIGO DE HAMMING

Corregir un error consiste en detectarlo y conocer la ubicación del bit erróneo. Luego resto sólo complementarlo. Para poder corregir un error la distancia mínima debe ser superior a dos. Si la distancia mínima del código es tres, la combinación obtenida por error en un bit (y solo en uno) es adyacente a una sola combinación del código siendo posible conocer el bit erróneo. Un código de distancia mínima tres permite detectar hasta dos bits erróneos y corregir uno. La distancia mínima de un código para que permita corregir errores de n bits debe ser dmín = $2n + 1$. Los códigos de Hamming son códigos de distancia mínima 3. A los códigos de Hamming se les agrega al código básico un código de p bits, obteniéndose un nuevo código de n + p bits. Como con p bits se pueden obtener 2^p combinaciones, y el nuevo código tendrá $2^p = n + p + 1$. Vamos a analizar un código de Hamming sobre un sistema de numeración binario natural de 4 bits, al que se le añadiran 3 elementos de paridad, tal que $4 + 3 + 1 = 2^3$ y 7 es la cantidad de elementos del nuevo código.

Si un símbolo del código es

S7 S6 S5 S4 S3 S2 S1

El código de Hamming se genera según

```
   C1 C2 C3
0  0  0  0
1  0  0  1
2  0  1  0
3  0  1  1
4  1  0  0
5  1  0  1
6  1  1  0
7  1  1  1
```

Y se cumple que
$C1 = S1 \oplus S3 \oplus S5 \oplus S7$
$C2 = S2 \oplus S3 \oplus S6 \oplus S7$
$C3 = S4 \oplus S5 \oplus S6 \oplus S7$

$S1 = S3 \oplus S5 \oplus S7$
$S2 = S3 \oplus S6 \oplus S7$
$S3 = S5 \oplus S6 \oplus S7$

Y el código de Hamming generado cumpliendo esto es,

```
   S7 S6 S5 S4 S3 S2 S1
0  0  0  0  0  0  0  0
1  0  0  0  0  1  1  1
2  0  0  0  1  0  0  0
3  0  0  1  1  1  1  0
4  0  1  0  1  0  1  0
5  0  1  0  1  1  0  1
6  0  1  1  0  0  1  1
7  0  1  1  0  1  0  0
8  1  0  0  1  0  1  1
9  1  0  0  1  1  0  0
```

Veremos como ejemplo algunos casos. Supongamos que se transmite el símbolo 0011001 y por error llega el símbolo 0001001, en el que el tercer elemento de la combinación es erróneo.

S7 S6 S5 S4 S3 S2 S1
 0 0 0 1 0 0 1

Calculamos las paridades,

$C1 = S1 \oplus S3 \oplus S5 \oplus S7 = 1 \oplus 0 \oplus 0 \oplus 0 = 1$ LSB
$C2 = S2 \oplus S3 \oplus S6 \oplus S7 = 0 \oplus 0 \oplus 0 \oplus 0 = 0$
$C3 = S4 \oplus S5 \oplus S6 \oplus S7 = 1 \oplus 0 \oplus 0 \oplus 0 = 1$ MSB

Esto indica que el $101_2 = 5_{10}$ bit es el erróneo.

Veamos otro ejemplo. Supongamos que la combinación errónea es 0011011, en cuyo caso el bit erróneo es el segundo.

Para este caso, $C1 = S1 \oplus S3 \oplus S5 \oplus S7 = 1 \oplus 0 \oplus 1 \oplus 0 = 0$ LSB
$C2 = S2 \oplus S3 \oplus S6 \oplus S7 = 1 \oplus 0 \oplus 0 \oplus 0 = 1$
$C3 = S4 \oplus S5 \oplus S6 \oplus S7 = 1 \oplus 1 \oplus 0 \oplus 0 = 0$ MSB

$C1 = 0$, $C2 = 1$ y $C3 = 0$, $010_2 = 2_{10}$, el segundo es el bit erróneo

De este modo, el código de Hamming implementado no sólo detecta el error sino que además permite su corrección.

5
CONVERSION ANALOGICO DIGITAL

El teorema de muestreo de Nyquist-Shannon, también conocido como teorema de muestreo de Whittaker-Nyquist-Kotelnikov-Shannon, criterio de Nyquist o teorema de Nyquist, es un teorema fundamental de la teoría de la información, de especial interés en las telecomunicaciones.

Este teorema fue formulado en forma de conjetura por primera vez por Harry Nyquist en 1928 ("Certain topics in telegraph transmission theory"), y fue demostrado formalmente por Claude E. Shannon en 1949 ("Communication in the presence of noise").

El teorema trata con el muestreo, que no debe ser confundido o asociado con la cuantificación, proceso que sigue al de muestreo en la digitalización de una señal y que, al contrario del muestreo, no es reversible (se produce una pérdida de información en el proceso de cuantificación, incluso en el caso ideal teórico, que se traduce en una distorsión conocida como error o ruido de cuantificación y que establece un límite teórico superior a la relación señal-ruido). Dicho de otro modo, desde el punto de vista del teorema, las muestras discretas de una señal son valores exactos que aún no han sufrido redondeo o truncamiento alguno sobre una precisión determinada, esto es, aún no han sido cuantificadas.

Entendemos por conversión analógico – digital, al proceso por el cual información procedente de señales analógicas de diferente naturaleza (tensiones, corrientes, temperatura, presión, etc) son convertidas a datos numéricos, tratables por medios electrónicos digitales (datos digitales).

En la conversión analógico - digital intervienen dispositivos electrónicos como conversores analógico digitales (ADC) y conversores digitales analógicos (DAC). Existen dispositivos electrónicos digitales que intervienen en las arquitecturas de los conversores, razón por la que deben ser tratados previamente. Uno de estos dispositivos son los Amplificadores Operacionales.

AMPLIFICADORES OPERACIONALES

COMPARADOR ANALOGICO

Se trata de dispositivos amplificadores de tensión. Presentan dos entradas diferenciales. La salida es proporcional a la diferencia de las tensiones de las entradas (+) y (-), $Vo = A (V2 - V1)$.

La ganancia de tensión a lazo abierto (sin realimentación) A es del orden de 10^4, con lo que una pequeña diferencia en los valores de V1 y V2, produce una salida importante en Vo. Cuando un Amplificador Operacional (AO) es empleado sin circuito externo de realimentación y/o polarización, su principal aplicación es como comparador analógico, en donde si la diferencia V2 - V1 es positiva, la salida es la máxima que puede entregar el AO, típicamente un valor próximo a su tensión de alimentación positiva +V. Si la diferencia de tensiones de entrada es negativa, la salida es cero. La respuesta de un amplificador analógico puede ser interpretada en términos digitales, ya que puede tener uno de dos valores posibles, según la diferencia de las tensiones de entrada sea positiva o negativa.

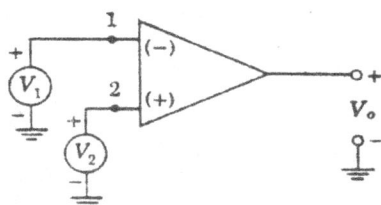

La configuración de la figura, como comparador analógico, es una configuración no realimentada o de lazo abierto.

CONFIGURACION INVERSORA

Como se anticipara, la ganancia de tensión a lazo abierto, en un amplificador operacional es del orden de $A = V_o/V_i = V_0 / (V_2 - V_1) = 10^4$. Constructivamente la Ri, o resistencia de entrada del AO es de alto valor, pero independientemente de esto, podemos definir la impedancia de entrada del circuito de la figura siguiente como

$Z_i = V_i/I_f$

, en donde If es

$I_f = (V_i + A\, V_i) / (Z_f + R_o)$

Luego,
$Z_i = V_i / I_f = (Z_f + R_o) / (1 + A)$

Y como A es sumamente alta, Zi es de bajo valor, típicamente 0,1 ? .

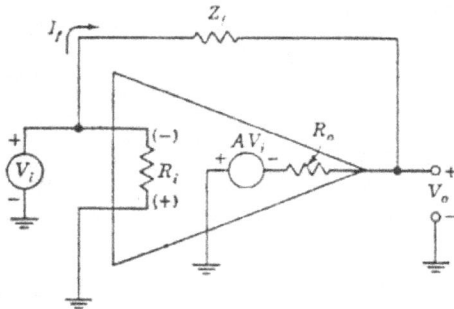

El valor tan bajo de Zi, permite suponer, sin caer en errores importantes, que le entrada (-), o entrada inversora, en esta configuración, esta prácticamente conectada a masa. A esto se le conoce como "masa virtual" de la configuración inversora.

Esta Zi, está además en paralelo con Ri, pero por su bajo valor, hace que la impedancia de entrada de la configuración sea baja.

El hecho de que la entrada (-) sea un punto de masa virtual, permite que sea un punto de suma en la configuración siguiente. En la misma, los aportes de corrientes de las mallas de entrada, con los resistores R_0, R_1, ... R_{N-1} se suman directamente en el punto de suma, obteniéndose una corriente que es el resultado de la suma de corrientes que concurren al nudo, o sea inversamente proporcionales a los valores de los resistores de las mallas de entrada. Esto es utilizado en configuraciones sumadoras, conocidas como sumadores analógicos. También se utiliza esto en el Conversor Digital – Analógico de Resistores Ponderados que veremos más adelante.

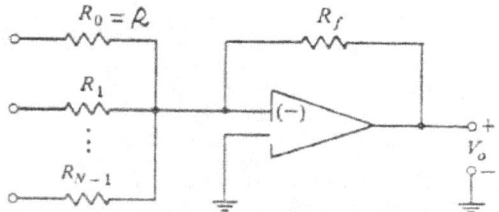

Amplificador operacional utilizado como buffer de un convertidor D/A de resistores ponderados.

La ganancia de tensión en lazo cerrado de la siguiente configuración es

$$Av = Vo / Vs$$

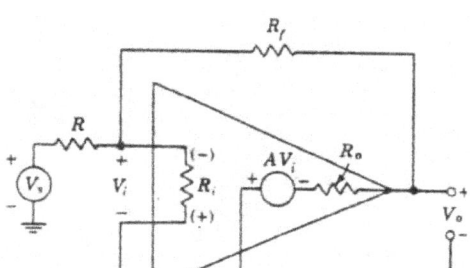

Podemos hacer

$I = Vs / R$

Y $Vo = - I \cdot Rf$, y la ganancia de tensión de lazo cerrada

$Vo / Vs = - Rf / R$

Es importante destacar que la ganancia de tensión de esta configuración no depende mas que de la relación de las resistencias externas. Esto es en virtud de la gran ganancia de tensión de lazo abierto del AO, que permitiera hacer las simplificaciones que condujeron a estas expresiones.

CONFIGURACION NO INVERSORA

En la configuración no inversora la señal de entrada Vs ingresa al dispositivo por su entrada (+). Las realimentaciones siguen conectadas entre la salida Vo y la entrada (-). La resistencia de entrada R está conectada a masa. Si asumimos que por ser la Ri del operacional una resistencia alta, el dispositivo toma muy poca corriente por la entrada (-), luego la corriente que circula a través de Rf, es prácticamente la misma que circula por R. Planteamos la tensión V1, como el punto medio de un divisor resistivo constituido por Rf y R.

$V1 = Vi = (Vo/ (Rf + R)) R$

$Vo/Vi = R/ (R + Rf) = Av = 1 + Rf / R$

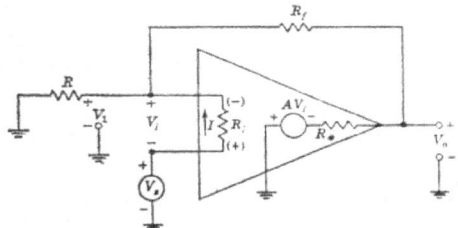

Montaje no inversor de un operacional.

De la que se desprende que el valor de la ganancia de tensión de lazo cerrado toma el valor mínimo 1, cuando Rf = 0, como en el circuito del amplificador de ganancia unitaria de la figura siguiente. Esta configuración se emplea como adaptador de impedancias y es especialmente adecuado cuando lo que se necesita es que el circuito de carga no demande corriente del circuito a medir, como en el caso de circuitos de medición (voltímetro, por ejemplo).

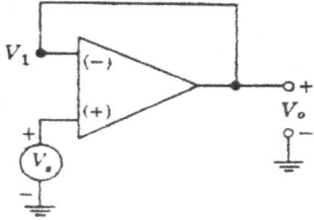

La configuración no inversora no puede emplearse como atenuador, ya que la ganancia mínima es la unidad.

CUANTIFICACION Y MUESTREO

MUESTREO

El teorema de muestreo de Nyquist-Shannon, también conocido como teorema de muestreo de Whittaker-Nyquist-Kotelnikov-Shannon, criterio de Nyquist o teorema de Nyquist , es un teorema fundamental de la teoría de la información, de especial interés en las telecomunicaciones. Este teorema fue formulado en forma de conjetura por primera vez por Harry Nyquist en 1928.

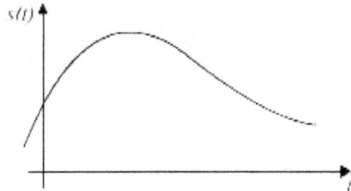
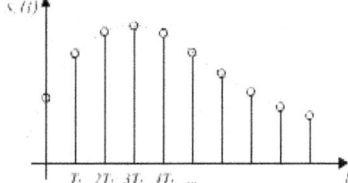

Señal analógico   Señal muestreada a una frecuencia f = 1/ Tc.

El teorema trata con el muestreo, que no debe ser confundido o asociado con la cuantificación, proceso que sigue al de muestreo en la digitalización de una señal y que, al contrario del muestreo, no es reversible (se produce una pérdida de información en el proceso de cuantificación, incluso en el caso ideal teórico, que se traduce en una distorsión conocida como error o ruido de cuantificación y que establece un límite teórico superior a la relación señal-ruido). Dicho de otro modo, desde el punto de vista del teorema, las muestras discretas de una señal son valores exactos que aún no han sufrido redondeo o truncamiento alguno sobre una precisión determinada, esto es, aún no han sido *cuantificadas*.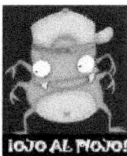

El teorema demuestra que la reconstrucción exacta de una señal periódica continua en banda base a partir de sus muestras es matemáticamente posible si la señal está limitada en banda y la tasa de muestreo es superior al doble de su ancho de banda.

Dicho de otro modo, la información completa de la señal analógica original que cumple el criterio anterior está descrita por la serie total de muestras que resultaron del proceso de muestreo. No hay nada, por tanto, de la evolución de la señal entre muestras que no esté perfectamente definido por la serie total de muestras.

Si la frecuencia más alta contenida en una señal analógica $x_a(t)$ es $F_{max} = B$ y la señal se muestrea a una tasa $F_s > 2F_{max} \equiv 2B$, entonces $x_a(t)$ se puede recuperar totalmente a partir de sus muestras mediante la siguiente función de interpolación:

$$g(t) = \frac{\sin 2\pi B t}{2\pi B t}$$

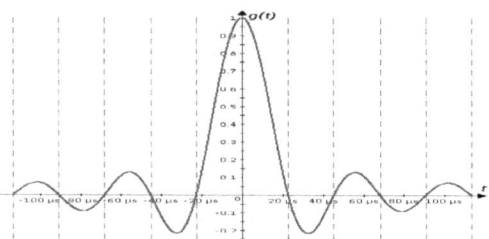

Función de interpolación g(t).

Así, $x_a(t)$ se puede expresar como:

$$x_a(t) = \sum_{n=-\infty}^{\infty} x_a\left(\frac{n}{F_s}\right) g\left(t - \frac{n}{F_s}\right)$$

donde $x_a\left(\dfrac{n}{F_s}\right) = x_a(nT) \equiv x(n)$ son las muestras de $x_a(t)$.

Ejemplo de reconstrucción de una señal de 14,7 kHz (línea gris discontinua) con sólo cinco muestras. Cada ciclo se compone de sólo 3 muestras a 44100 muestras por segundo. La reconstrucción teórica resulta de la suma ponderada de la función de interpolación g(t) y sus versiones correspondientes desplazadas en el tiempo g(t-nT) con $-\infty < n < \infty$, donde los coeficientes de ponderación son las muestras x(n). En esta imagen cada función de interpolación está representada con un color (en total, cinco) y están ponderadas al valor de su correspondiente muestra (el máximo de cada función pasa por un punto azul que representa la muestra).

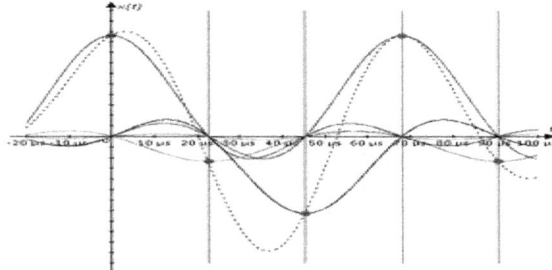

Es un error frecuente y extendido es creer que, una vez satisfechos los criterios del teorema (criterios de Nyquist), la calidad de la reconstrucción de una señal en toda su banda es función de la tasa de muestreo empleada en el proceso de muestreo. Esto es totalmente falso desde la perspectiva matemática del teorema y un error, una vez consideradas las limitaciones prácticas, en el ámbito práctico de la física o la ingeniería. El proceso de muestreo (que no debe ser confundido con el de cuantificación) es, desde el punto de vista matemático perfectamente reversible, esto es, su reconstrucción es exacta, no aproximada. Matemáticamente, no aporta nada incrementar la tasa de muestreo una vez que esta cumple el criterio de Nyquist.

Introduccion a la Electronica Digital

En resumen, el teorema de muestreo demuestra que toda la información de una señal contenida en el intervalo temporal entre dos muestras cualesquiera está descrita por la serie total de muestras siempre que la señal registrada sea de naturaleza periódica (como lo es el sonido) y no tenga componentes de frecuencia igual o superior a la mitad de la tasa de muestreo; no es necesario *inventar* o *predecir* la evolución de la señal entre muestras.

MULTIPLEXACION

Ocasionalmente puede ser necesario tomar muestras de varias señales analógicas para su posterior conversión análogo digital, a través de un mismo dispositivo de conversión (ADC). En estos casos se realiza el multiplexado en el tiempo de las señales. Esto quiere decir que las señales que entran a un multiplexor analógico van a ser muestreadas en forma sucesiva, obteniéndose a la salida del multiplexor una única señal formada por muestras sucesivas de las señales de entrada.

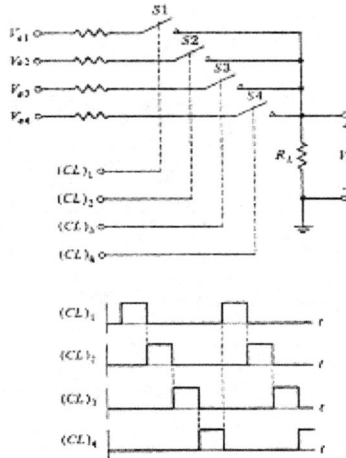

Un multiplexor analógico funciona como el arreglo de llaves de la figura.

La señal resultante es llevada a un circuito de muestreo y retención (S/H, por Sample & Hold) , previo a su ingreso al ADC (Analog Digital Converter), el cual finalmente la convertirá a una señal digital, o sea, con sólo dos niveles posibles de tensión, o dicho de otro modo, una secuencia de "1" y "0" representativas de los valores analógicos originales.

Cada señal original que ingresa al multiplexor deberá ser muestreada a una frecuencia que satisfaga el Teorema de Muestreo, independientemente de la cantidad de señales muestreadas, de lo contrario su reconstrucción no será posible. A los efectos de poder muestrear cumpliendo con este teorema, suele usarse una misma frecuencia de muestreo para cada una de ellas, correspondiente con el doble de la frecuencia de señal mas alta, por ser la más comprometida, sobremuestreándose las otras, pero aportando así a un diseño más sencillo. Esto, aunque suele emplearse en numerosas aplicaciones , no es una regla general, por lo que debe analizarse cada caso en particular.

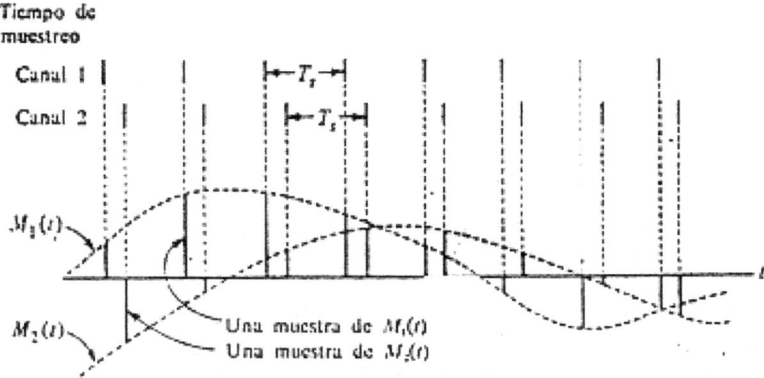

Entrelazado de dos señales de banda de base.

CUANTIFICACION

La cantidad de valores de tensión que puede tomar una señal analogica es infinita. Codificar infinitos valores implica la implementación de un sistema digitadle infinitos bits, lo cual no es posible. A diferencia del muestreo, en la cuantificación si existe pérdida de información original, ya que los valores que no se conviertan y que no sean adquiridos, no se recuperan jamás. Es iportante entonces adoptar un criterio a los efectos de que la cuantificación que se haga no implique una pérdida de información tal que haga inútil o inadecuado al sistema, para el propósito propuesto.

Cuantificar la señal implica subdividirla en niveles de modo tal que la cantidad y espaciado de los valores de tensión a obtener nos genera una señal cuantificada representativa "razonablemente", de la señal analógica original. El término "razonable" en este punto, peca por impreciso, y es necesario ser más exacto en su definición.

Existen diversos criterios para fijar la resolución de la cuantificación de una señal analógica. Uno de ellos es tomar como pauta el que el nivel de ruido presente en el sistema sea mayor al escalón de tensión de la cuantificación adoptada. Un ejemplo puede aclarar esto. Supongamos que se tiene un sistema en el que se desea adquirir y digitalizar ,o sea, convertir a digital, una señal cuya excursión pico a pico tiene una amplitud de 5 V, y el nivel de ruido presente en esta señal es de 40 mV. Esto nos indica que el ruido es 125 veces mas pequeño que la señal. La cantidad de niveles posibles a codificar con una cantidad de n bits es de 2^n. Para nuestro ejemplo, si codificamos a los diferentes niveles de tensión con un número binario de 6 bits (n = 6), podremos representar 64 niveles diferentes, pero si lo hacemos con n=7, podremos codificar 128 niveles diferentes. Sería tentador emplear una codificación de n = 7 (7 bits de resolución digital), pero en ese caso, cada nivel de tensión de Cuantificación, o paso de cuantificación, o *step* de cuantificación tendrá una amplitud de 5V/127 = 39 mV y esto es inferior a 40 mV que es nuestro nivel de ruido. Si adoptamos esta resolución el ruido estará representado en nuestra codificación y el ruido puede hacer que nuestra muestra caiga por encima o por debajo de un nivel dado de cuantificación. Si adoptamos n = 6 , el paso o step de cuantificación será de 78 mV y la información analógica a convertir se mantendrá dentro de un paso o step de cuantificación, no estando en ese caso el ruido afectando a la adquisición, debiéndose en este caso adoptarse n = 6 y no n = 7.

Es importante tener presente que el mencionado es un criterio, no siendo el único. Podemos adoptar como regla emplear esta pauta, al no haber otra mejor, pero aclarando que tanto la aplicación, como los recursos disponibles para el tratamiento posterior de los datos obtenidos deben detrminar la resolución digital (n) a adoptar en cada caso.

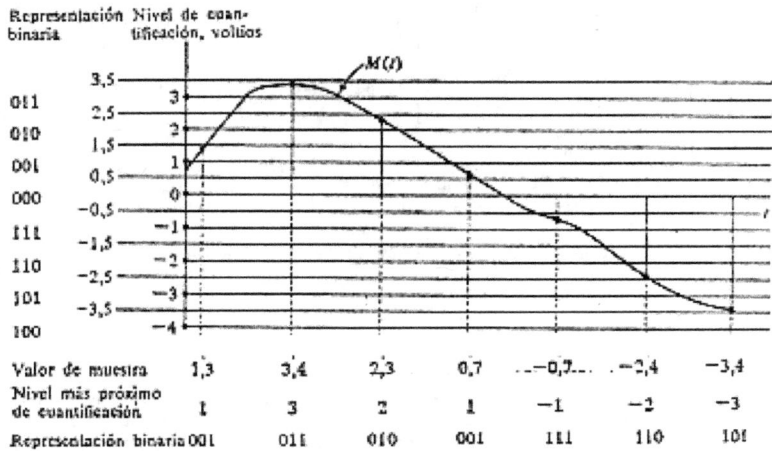

Cuantificación en 3 bits (8 niveles), de una señal cuyo rango dinámico es de entre 3,5 y -3,5 V.

Obsérvese en la figura anterior, que a un valor de muestra de 1,3 V, le corresponde el nivel de cuantificación 1V y por ende la codificación digital 001, al de 3,4V le corresponde el de 3V y la codificación digital 011 y en general, no se tienen valores de niveles de cuantificación que coincidan exactamente con los valores analógicos originalmente muestreados. Esto nos dice que en el proceso de cuantificación es inevitable cierta pérdida de información. Esta pérdida es aceptada a cambio de las posibilidades que brinda el tratamiento digital de la información. Es responsabilidad del diseñador el que la pérdida de información de la cuantificación adoptada no sea inadecuada para la aplicación de que se trate. En el caso de esta figura, el nivel de ruido (pico a pico) no debería ser mayor a un voltio, que el paso de cuantificación adoptado.

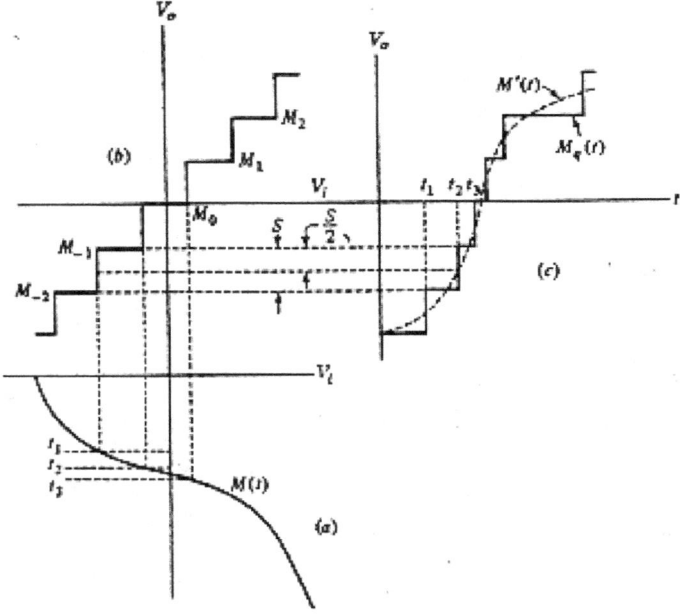

(a) Señal analógica a convertir. (b) Esquema de cuantificación y muestreo. t1, t2 y t3 son los instantes de las muestras. M_0, M_1, M_{-1} y M_{-2} son los niveles de tensión de los respectivos pasos de cuantificación. (c) Señal analógica cuantificada.

CIRCUITO DE MUESTREO Y RETENCION

En general, los diferentes conversores analógico – digitales basan sus principios de funcionamiento en comparaciones entre el valor analógico de la señal a convertir, y un valor digital generado internamente por el conversor. Es indispensable que durante la comparación, la señal analógica que debe ser comparada se mantenga en un valor estable mientras dura la conversión. Los circuitos de muestreo y retención, conocidos por sus siglas en inglés , S&H (sample & hold), realizan esta función.

Introduccion a la Electronica Digital

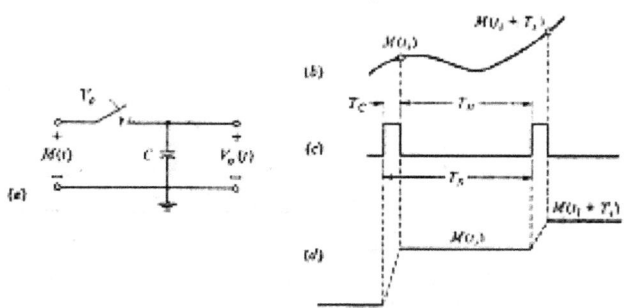

Circuito básico de muestreo y mantenimiento: (a) El circuito de conmutación, (b) la forma de onda a muestrear, (c) la forma de onda de control, V_c y (d) la salida del circuito de muestreo V_o.

Un circuito básico de S&H consta de una llave analógica, encargada de tomar la muestra de tensión de la señal analógica, y de un capacitor que se carga a ese valor de tensión, encargado de mantener, o retener, el valor de tensión luego de que la llave se abre, y presentar esa tensión al circuito de conversión. Los circuitos reales de S&H son algo más elaborados, completándose éstos con amplificadores operacionales que cumplen la función de minimizar los consumos de corriente a los efectos de que las etapas de conversión no modifiquen la señal a medir, tomando corriente de la misma.

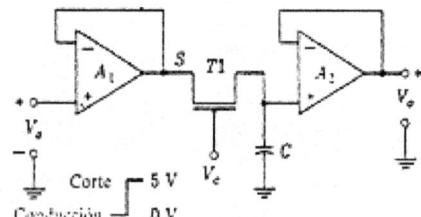

Circuito de muestreo y mantenimiento utilizando dos operacionales conectados para alta impedancia de entrada.

En el circuito de la figura, la llave analógica MOS T1 es puesta en ON mediante el pulso Vc en su gate o compuerta. La llave se pone en ON el tiempo suficiente para que el capacitor C se cargue a la tensión instantánea de la señal analógica, en el momento de la muestra, adquiriéndose así la muestra de la señal a convertir. La frecuencia del pulso de la gate de Vc es la de muestreo.

Luego de que el capacitor C se carga al valor de la señal, la llave T1 se pone en OFF con lo que ésta se abre y el capacitor mantiene ese nivel mientras se efectúa la conversión AD, hasta que se tome la próxima muestra. El amplificador A2, en configuración no inversora, con ganancia unitaria y alta impedancia de entrada tiene por función evitar la descarga del capacitor C, mientras la tensión a la que se cargó es convertida a digital. Del mismo modo, el amplificador A1 aisla al circuito de S/H de la fuente de señal analógica.

La salida del circuito de S&H se conecta directamente a la entrada del conversor analógico digital.

Pablo Recabarren

CONVERSORES DIGITALES – ANALOGICOS

Muchos conversores analógico – digitales (ADC) incorporan en su arquitectura a conversores digitales analógicos (DAC), por lo que veremos en primer lugar a éstos últimos.

CONVERSOR DIGITAL ANALOGICO DE RESISTORES PONDERADOS

En el circuito sumador analógico tratado anteriormente, el punto de masa virtual nos permite aplicar el Teorema de Superposicióny obtener como expresión de la tensión de salida Vo

$$V_o = - [(R_f / R_1) V_{s1} + (R_f / R_2) V_{s2} + \ldots + (R_f / R_{N-1}) V_{sN-1}]$$

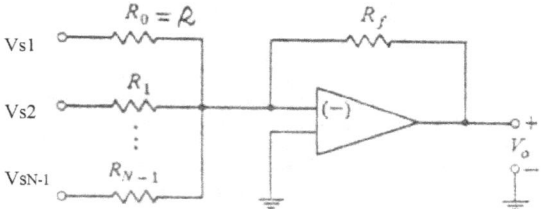

Y si los resistores toman valores tales como

$$R_0 = R, \; R_1 = R/2, \; R_2 = R/4, \; R_3 = R/8, \ldots, R_{N-1} = R/\,2^{N-1}$$

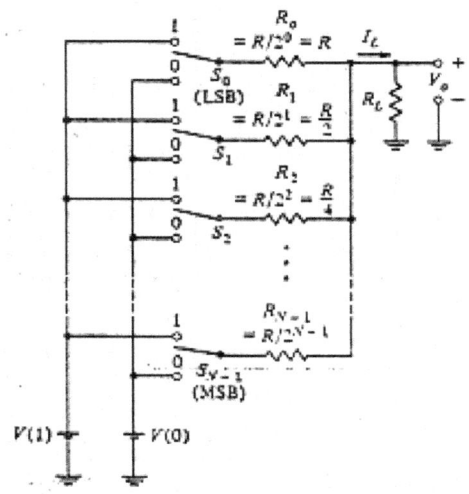

Introduccion a la Electronica Digital

Supondremos que $R_L = 0$, como sería el caso de la entrada (-) de un amplificador operacional en configuración inversora (masa virtual), y en ese caso I_L sería la corriente de salida de cortocircuito I_{Ls}. Suponiendo que V_R es una tensión de referencia fija, tal que $V(1) = V_R$ y $V(0) = 0$,

$$I_{Ls} = V_R (S_{N-1} / R_{N-1} + S_{N-2} / R_{N-2} + S_{N-3} / R_{N-3} + \ldots + S_0 / R_0) =$$

Y dándoles a las R_N, sus valores relativos

$$= V_R / R (S_{N-1} 2^{N-1} + S_{N-2} 2^{N-2} + S_{N-3} 2^{N-3} + \ldots + S_0 2^0)$$

En el caso mas general, R_L es distinto de cero y se puede afirmar que $V_O = R_L . I_L$.

$$= \frac{R_L V_R}{R + (2^N - 1) R_L} (S_{N-1} 2^{N-1} + S_{N-2} 2^{N-2} + S_{N-3} 2^{N-3} + \ldots + S_0 2^0) =$$

En la que se aprecia que el paréntesis es la expresión de un número binario, ponderado en potencias de dos, con lo que la tensión de salida es proporcional al valor binario formado por los bits de entrada al conversor, multiplicados por un factor dado por R, la resistencia de carga y eventualmente por la ganancia del circuito amplificador.

Es común aprovechar la etapa de amplificación para darle a la salida una ganancia de tensión y eventualmente un desplazamiento del valor medio u offset, en caso de ser necesario.

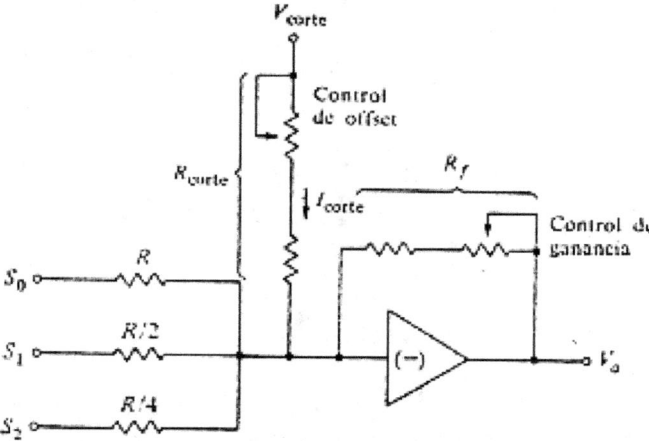

Un inconveniente para la implementación de este tipo de conversores DA es la dificultad de integrar o seleccionar, a resistores que tengan relaciones tan exactas entre sí como potencias de dos crecientes. La correcta relación de los valores de resistencias es indispensable para obtener una linealidad adecuada en la función de transferencia del dispositivo, por lo que esto es de fundamental importancia.

CONVERSOR DIGITAL ANALOGICO EN ESCALERA R - 2R

En este tipo de conversor, el problema del apareamiento de los resistores se simplifica ya que es mas sencillo implementar resistores iguales, que resistores diferentes y que guarden relaciones determinadas entre sí, como es el caso de los resistores ponderados del conversor visto anteriormente.

Para el conversor en escalera R – 2R se necesitan solamente resistores de valor R y eventualmente 2R, pudiendo reemplazarse éstos últimos con una serie de 2 resistores de valor R.

Utilizaremos la siguiente figura para explicar el principio de funcionamiento de este tipo de conversores DA.

La red R – 2R se conforma como en la figura, en la que las entradas S_0 a S_3 son entradas digitales que pueden ser de valor "1", o "0", por ejemplo, 5V, ó 0 V.

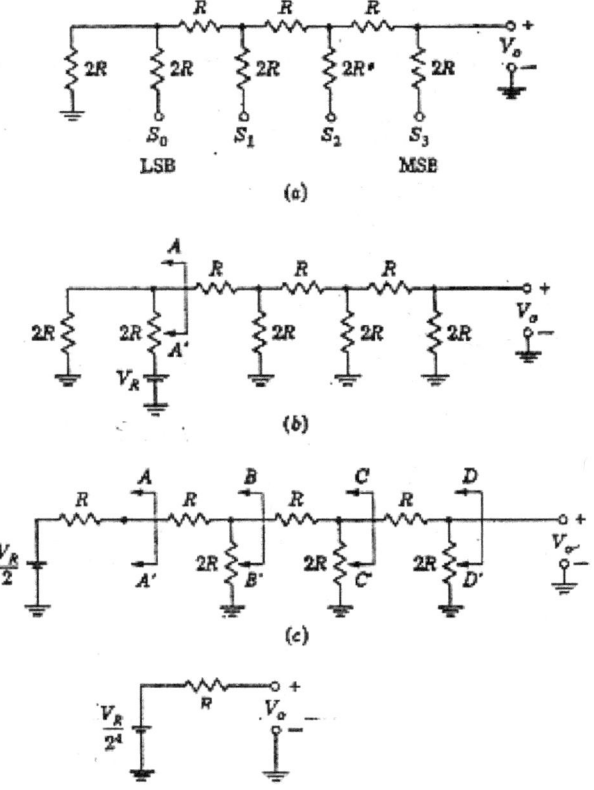

En la parte (a) de la figura se muestra el arreglo o red en escalera R – 2R. En la parte (b) se toma el equivalente Tehevenin en el corte A-A' . Suponemos una tensión de referencia V_R en S_0 y se pasivan los demas puntos de entrada de tensión.

$$V_0 = V_R, \qquad V_1 = V_2 = V_3 = 0$$

La corriente que circula por la primer malla considerada será $V_R / 4R$, y la tensión en A – A' será el producto de esa corriente por 2R, luego la tensión en el punto considerado será Vth = (V_R / 4R) 2R = $V_R / 2$.

En cuanto a la resistencia equivalente de Tehevenin en ese mismo punto, se tendrá el paralelo de los resistores 2R, o sea, Rth = R .

Reemplazamos la primer malla por su tensión y resistencias equivalentes de Tehevenin y determinamos ahora el equivalente de Tehevenin en B – B'.

Esta vez, el valor de Vth' = $V_R / 4$ y la Rth' es R . Repetimos el procedimiento para C – C' y para D – D' y vemos que cada vez que nos acercamos a la salida, la Vth es la mitad que en la malla anterior y la resistencia Rth se mantiene en el valor R. De este modo vemos que el aporte de tensión, en la salida Vo, de V_0 es $V_R/2^4$ y la resistencia vista por la salida, hacia la entrada es R.

El mismo análisis, hecho para la malla siguiente nos dará que la V1 aporta a la salida una tensión $V_R/2^3$, y una resistencia de valor R.

Por el Teorema de Superposición, podemos sumar los efectos de los $V_n = V_R$, pasivando el resto de las fuentes, en cada caso y de ese modo obtener la expresión de la tensión de salida Vo.

$$V_0 = V_R (S_3 / 2^1 + S_2 / 2^2 + S_1 / 2^3 + S_0 / 2^4) = V_R / 2^4 (S_3.2^3 + S_2.2^2 + S_1.2^1 + S_0.2^0),$$

Y en general

$$V_0 = \frac{V_R}{2^N} (S_{N-1} 2^{N-1} + S_{N-2} 2^{N-2} + S_{N-3} 2^{N-3} + \ldots + S_0 2^0)$$

En la que la expresión entre paréntesis nos dice que la salida Vo es proporcional al valor en binario de las entradas digitales.

Este conversor es muy utilizado y forma parte de conversores Analógico Digitales frecuentemente, existiendo incluso comercialmente arreglos de resistencias R – 2R , para implementaciones discretas.

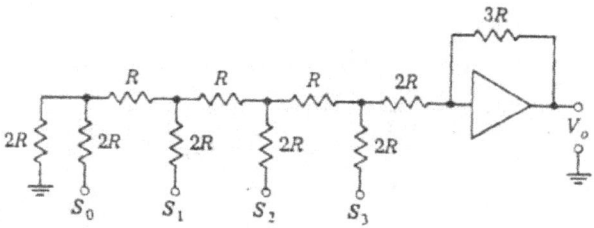

El diseño se completa con un operacional de salida para proveer de corriente a la carga y eventualmente para darle ganancia al circuito.

Pablo Recabarren

CONVERSORES ANALOGICO DIGITALES

CONVERSOR AD DE RAMPA DIGITAL SIMPLE ó CONTADOR

En el ADC de Rampa digital o contador, se tiene un contador ripple counter, de 3 bits en el ejemplo, que recibe pulsos de reloj a través de una compuerta AND. El contador genera una cuenta, la que se presenta a la entrada de un DAC. La salida del DAC se compara, en el comparador analógico, con la señal analógica a convertir, de modo que mientras la señal analógica de entrada es mayor que la rampa digital que entrega el DAC, la salida es "1", pero cuando la rampa pasa a ser mayor, la salida del comparador se pone en "0" y pone en "0" la salida de la AND con lo que el contador deja de recibir pulsos de reloj, dejando de contar. El valor de cuenta a la salida del contador es el equivalente digital, o valor digital que genera una salida analógica inmediatamente mayor que la tensión analógica a convertir.

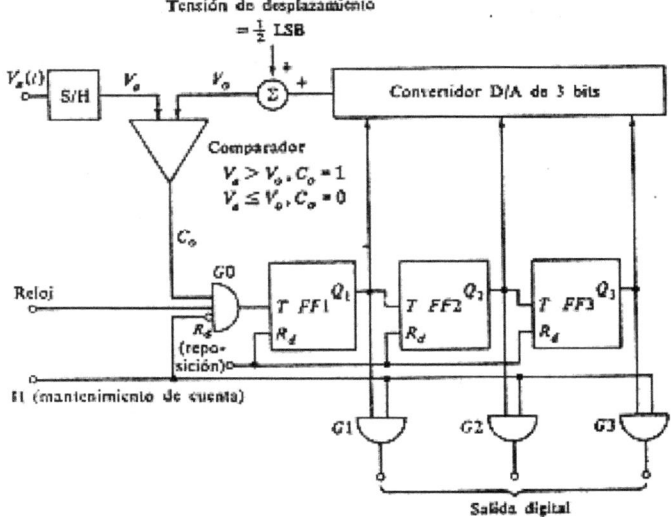

Conversor analógico digital de rampa digital simple o contador.

En la figura siguiente se tienen las tensiones presentes en la línea del reloj, los pulsos que controlan al circuito de S&H (sample & hold), la señal analógica a convertir, pero mantenida por el circuito S&H, la rampa de salida del DAC interno del conversor, pudiendo observarse el momento en que la señal de entrada se cruza con el de la rampa. Es en este momento en que se detiene el suministro de pulsos de reloj al contador, teniéndose a la salida del mismo el valor digital buscado.

Como se desprende de la figura, el tiempo de conversión varía en función del valor a convertir, lo cual es una desventaja en este tipo de conversores ya que es conveniente que las conversiones sean isócronas. De todos modos, ante el desconocimiento previo del valor a convertir, debe preverse siempre el mayor tiempo de conversión, que es lo que tardaría el contador en alcanzar el máximo valor de la cuenta. Otra desventaja que se desprende del análisis de este conversor es que necesita, para el peor caso, de $2^N - 1$ cuentas o pulsos de reloj. En el caso mas general, se asume que se necesita de un pulso de reloj extra para la puesta a cero inicial del contador, y otro pulso para la presentación de datos en la salida, con lo que podemos decir que su operación implica $2^N + 1$ pulsos de reloj por cada conversión. Este tipo de conversores se utilizan sólo para convertir a frecuencias de no mas de unas pocas centenas de KHz.

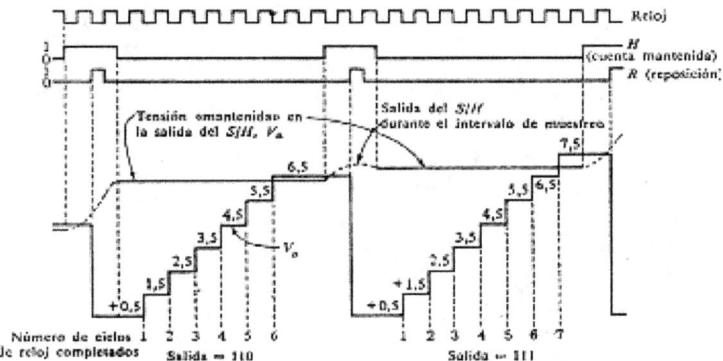

CONVERSOR ANALOGICO DIGITAL DE DOBLE RAMPA O DE DOBLE INTEGRACION

Cuando comienza una conversión, la llave inversora de entrada está conectado a Va, por lo que el circuito del primer amplificador operacional a modo de integrador carga su capacitor C según

$$Vo = -(t/t) Va$$

, siguiendo una ley lineal en virtud del amplificador operacional. $t = RC$ es la constante de tiempo del integrador. La salida del comparador analógico está en 1, pues Vo es mayor que 0. Nótese que el comparador tiene la entrada (+) a masa. Simultáneamente con esto, un pulso de reloj ingresa al contador ripple counter de N etapas y empieza a contar hasta desbordar su cuenta en el instante T1. $T1 = 2^N$ Tclk . El flip flop de orden N del contador conmuta su salida Q, con lo que la llave inversora de entrada cambia de posición y se conecta a una tensión de referencia negativa -Vr, con lo que ahora el integrador se carga según

$$Vo = +(t/t) Vr$$

hasta que la tensión Vo se anule (T2), provocando la inmediata conmutación a cero, de la salida del comparador, el cual detendrá su cuenta por tener un cero en una de las entradas de la compuerta AND que controla la llegada del pulso de reloj al contador.

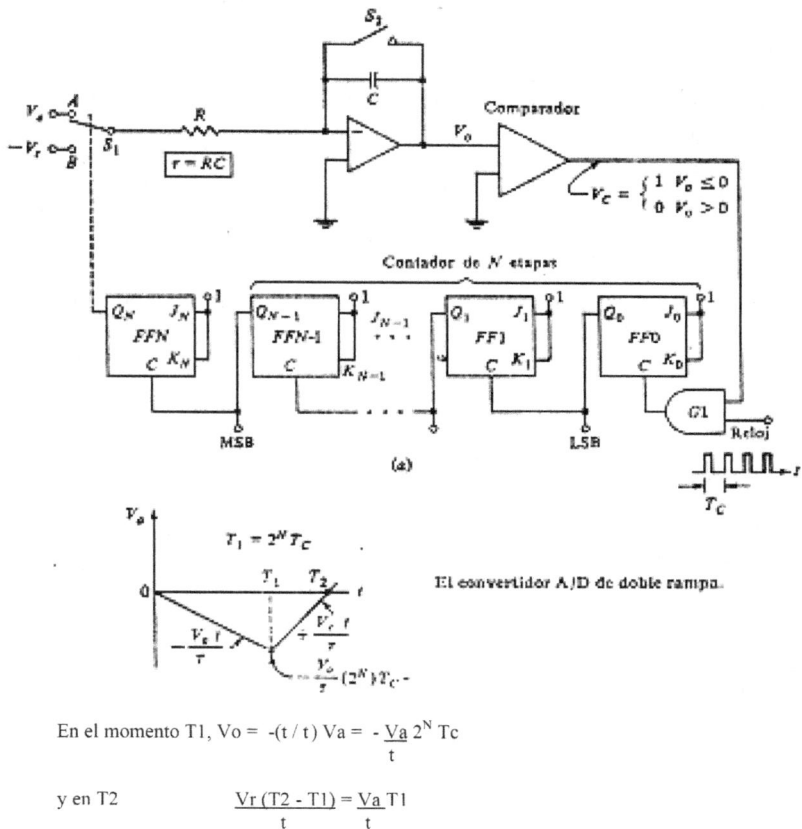

El convertidor A/D de doble rampa.

En el momento T1, $V_o = -(t/\tau) V_a = -\dfrac{V_a}{\tau} 2^N T_c$

y en T2
$$\dfrac{V_r (T_2 - T_1)}{\tau} = \dfrac{V_a}{\tau} T_1$$

$$(T_2 - T_1) = \dfrac{V_a}{V_r} 2^N T_c$$

Desprendiéndose de esto que el tiempo T2 − T1, que es el tiempo de la cuenta del contador, es proporcional a Va, que es la señal analógica a convertir.

La principal desventaja de este conversor es el tiempo que demora en cada conversión, ya que el contador debe contar una vez su cuenta completa, y la segunda cuenta según el valor a convertir. Al igual que el de rampa digital simple, tiene el inconveniente de que sus tiempos de conversión dependen de la tensión a convertir.

Introduccion a la Electronica Digital

CONVERSOR ANALOGICO DIGITAL DE APROXIMACIONES SUCESIVAS.

Este conversor es de gran importancia por ser de uso muy extendido, ya que reúne una serie de ventajas sobre los demás, como es una adecuado equilibrio entre prestaciones y precio.

Antes de explicar su funcionamiento haremos algunas consideraciones sobre el sistema de numeración binario. Como se vio con anterioridad, se trata de un sistema ponderado, en donde la posición del digito binario (Binary digIT = BIT) es indicativa de su valor. Si un bit se desplaza una posición hacia la izquierda duplica su valor, pero si su desplazamiento es a la derecha, su valor disminuye a la mitad. Es interesante también ver que pasa cuando un número binario se representa con todos sus dígitos en "1", el número siguiente será uno tal que tendrá la misma cantidad de "0", como el anterior tenía unos, pero se agrega un "1" a la izquierda de la posición más alta del primer número. También veamos que desde que un bit de determinado orden se pone en "1" por primera vez, hasta que todo el número esta formado por "1", este ultimo número es el doble que el primero. Lo vemos en un de ejemplo;

127	1111111
128	10000000
255	11111111

En otras palabras, cuando un número binario está formado por su primer dígito en "1", y el resto en "0", su valor es la mitad del valor del número formado por la misma cantidad de bits, pero en el que sean todos "1".

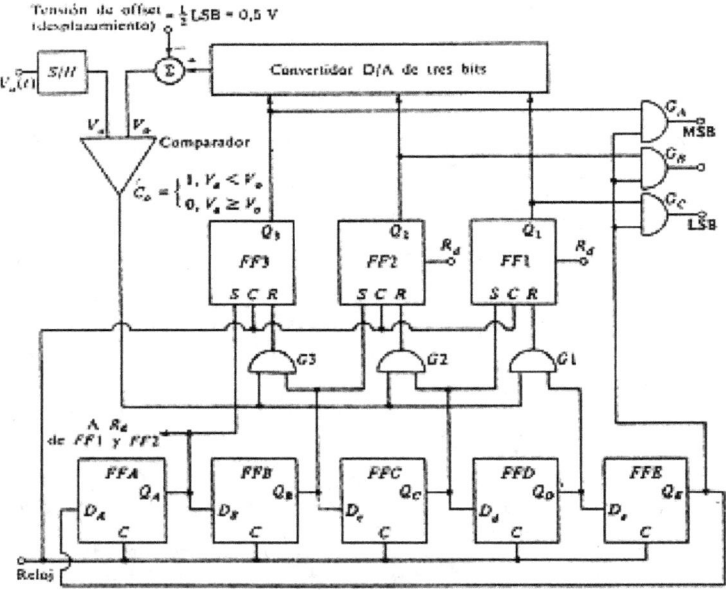

Un convertidor A/D de tres bits de aproximaciones sucesivas.

En el circuito de la figura se distinguen el circuito de S&H, cuya salida es la entrada del ADC. Un conversor DA, que toma sus bits de entrada de las salidas de un arreglo de flip flops SR conocido como registro de aproximaciones sucesivas. Por debajo del registro de aproximaciones sucesivas (SAR) tenemos un registro de desplazamientos dinámico de flip flops tipo D, cerrado en anillo, o sea que el último flip flop se conecta con el primero.

El conversor de la figura es de tres bits y lo usaremos para comprender el funcionamiento de este ADC.

El registro de desplazamiento en anillo tiene un único "1" que va pasando de un flip flop a otro hasta completar una vuelta en cada conversión.

La conversión comienza con un ciclo de reset general, en el que la salida Q del primer flip flop D se pone en "1". Ese "1" pone en Reset a los flip flops RS 2 y 3, pero poniendo en "1" al primero mediante un alto en su entrada SET. Esto implica que la salida del registro SAR tiene un valor binario que es la mitad del máximo valor posible con esa cantidad de bits, ya que el primer dígito esta en "1", pero los demás en cero.

Ese valor binario es convertido a analógico en el DAC y comparado con la muestra de la señal analógica que se quiere convertir. Dependiendo de si es menor o mayor a aquella, la salida del comparador se pondrá en "0" o en "1" respectivamente.

Si la salida del comparador se pone en "1" quiere decir que el valor entegado por el SAR ha sido insuficiente, de lo contrario es que se ha excedido. Si ha habido un exceso, el primer bit del SAR debe ponerse en "0" e intentarse poniendo en "1" el bit de orden siguiente. Si el valor ha sido insuficiente, debe dejarse en "1" el primer bit del SAR y pasar a intentar con el bit siguiente.

Las compuertas AND se encargan de poner a cero la salida del flip flop SR correspondiente si la salida del comparador está en "1, y a la vez el "1" que pasa de un flip flop D al siguiente la está habilitando.

Resumiendo, se comienza probando un valor de mitad de cuenta maxima, si es demasiado grande se lo pone en cero y se prueba el bit siguiente, o sea que se intenta con la mitad inferior. Si resulto chico, se lo deja en uno y se prueba el bit siguiente, con lo que se intenta con la mitad superior.

De ese modo, intentando de a mitades, se aproxima al valor definitivo, el cual se alacanza en N intentos. Para una conversión de n bits, se necesitan n + 2 ciclos de reloj. En rigor la conversión insume n ciclos, pero se agregan 1 ciclo de reset de flip flops y uno de presentación de datos.

Con este tipo de conversores se alcanzan frecuencias de conversión del orden del MHz y como se dijo reúne el mejor compromiso entre sus prestaciones, fundamentalmente su velocidad de conversión, y su bajo costo.

CONVERSOR ANALOGICO DIGITAL DE COMPARADORES PARALELOS O DE RAFAGA (FLASH)

Es el más rápido y costoso de los conversores, pero indudablemente el único capaz de convertir señales de alta velocidad como las de video, que es adonde encuentra su mayor campo de aplicaciones. Si bien estos conversores son de alto costo, se han abaratado en los últimos tiempos dado el gran auge de aplicaciones multimedia que necesitan tratar con imágenes de alta resolución y en tiempos sumamente breves como lo imponen los estandares de video.

Como se aprecia en la figura, consta de un arreglo de N-1 comparadores, para una conversión de n bits, en donde $N = 2^n$. Por ejemplo si se quiere hacer una conversión en 6 bits, se necesitarán
$2^6 -1 = 63$ comparadores analógicos.

La señal analógica a convertir entra a todos los comparadores en sus entradas (+). En l otra entrada de cada comparador entra un tensión correspondiente a cada escalón de cuantificación del rango dinámico, obtenidas de un divisor resistivo de N-1 resistores iguales. En rigor, en los extremos se ponen resistores de valor R/2 a los efectos de que el rango de conversión este completamente contenido en el rango dinámico de la señal.

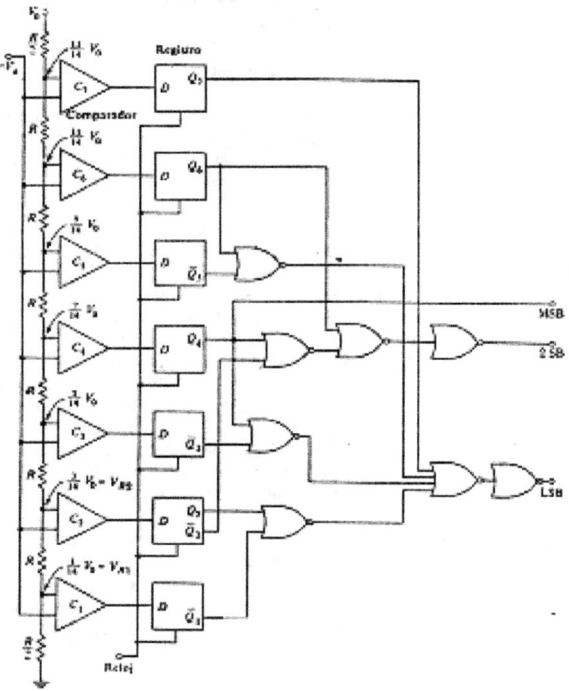

La salidas de los comparadores estarán todas en "1", hasta el comparador en donde la señal analógica sea igual a la del correspondiente nivel de cuantificación, siendo "0" todos los comparadores subsiguientes. A partir de alli se trata de resolver un circuito combinacional que convierta estas salidas en una salida en binario natural, como en la figura.
La tabla de verdad del combinacional a implementar es;

C1	C2	C3	C4	C5	C6	C7	LSB	2SB	MSB
1	1	1	1	1	1	1	1	1	1
1	1	1	1	1	1	0	1	1	0
1	1	1	1	1	0	0	1	0	1
1	1	1	1	0	0	0	1	0	0
1	1	1	0	0	0	0	0	1	1
1	1	0	0	0	0	0	0	1	0
1	0	0	0	0	0	0	0	0	1
0	0	0	0	0	0	0	0	0	0

El diseño se completa con flip flops D para sincronizar la actuación del combinacional.

Este conversor es sumamente rápido, pudiendo superar los 20 MHz de frecuencia de conversión. Precisa de sólo un ciclo de reloj para cada conversión, aunque esto es a costa de una circuitería costosa y de altísimo grado de integración. Piénsese solamente en los 255 comparadores necesarios para una conversión de 8 bits de resolución. Existen conversores de comparadores paralelos de 16 y hasta de 24 bits de resolución.

MODULADOR DELTA

Este tipo de conversor responde a una gama de aplicaciones en audio, mostrándoselo aquí por su sencillez. Se puede afirmar que se trata de un conversor de 1 bit, aunque puede reproducir señales con buena calidad, aunque deben cumplirse una serie de condiciones, sobre todo de velocidad de variación de la señal.

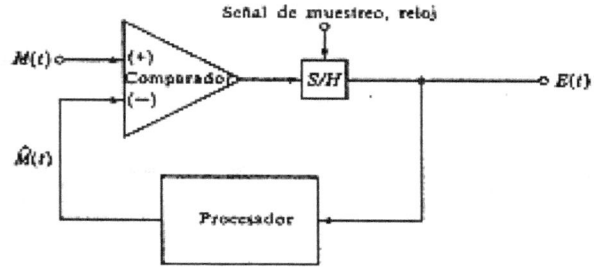

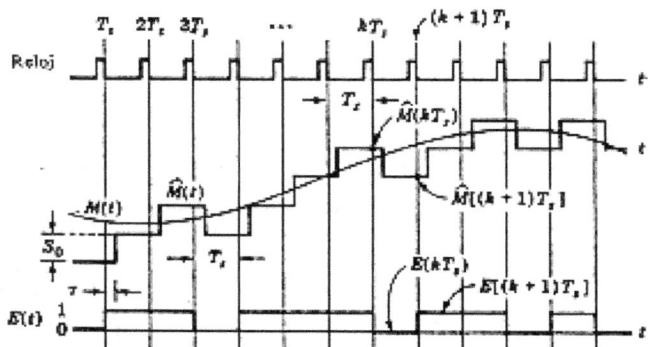

Como resultado de la comparación entre un valor de muestra y una muestra siguiente, el conversor adopta el valor "1" o "0", dependiendo de que la señal crezca o decrezca. Se guarda el primer valor y luego la secuencia de "1" y "0" que van indicando sus variaciones sucesivas.

6
DISPOSITIVOS DE ALMACENAMIENTO

ENIAC, considerado el primer ordenador de la Historia, poseía unos increíbles 4 kilobytes de memoria, fabricados a base de núcleos de ferrita a gran temperatura. El ordenador podría almacenar poco más que una página en ASCII ocupando un volumen como el de cuatro armarios juntos.

En los sesenta, se comienzan a utilizar los circuitos integrados y los procesadores comienzan a doblar su capacidad cada año y medio (Ley de Moore). No ocurrió así con la RAM que debe esperar unos diez años para duplicar su velocidad.

En los ochenta, el micro sigue evolucionando a velocidades sorprendentes y la velocidad de acceso a RAM sigue estancada hasta quedarse por detrás del micro. Surge el concepto de multiplicador para poder seguir al micro, y a la vez todo el sistema debe acoplarse a la velocidad del bus. El bus siempre ha viajado a una velocidad menor que el procesador y la RAM, y esto ha generado infinidad de trucos y mejoras para poder crear un sistema sin cuellos de botella.

Existen dos tipos básicos de memoria RAM, la estática (SRAM) y la dinámica (DRAM). La primera no necesita ser "refrescada" con la información, lo que la hace más rápida. Se usa para las cachés internas de los microprocesadores, mientras que la dinámica se utiliza para lo que comúnmente conocemos como RAM del ordenador.

Toshiba y NEC anuncian un chip de 16 Mb con un diseño nuevo de potencia (*power-forking*) que logra anchos de banda de 200 Mbps con tiempos de ciclo de 34 ns, el mejor rendimiento MRAM hasta la fecha. También es el más pequeño de su clase (78,5 milímetros cuadrados) y alimentación a 1,8 V.8

La memoria magnética o magnetorresistiva MRAM es un concepto que está en desarrollo desde los 90's, y que ofrece varias características atractivas. Ahora más que nunca, y con las últimas mejoras en su desarrollo, parece que están a un paso de masificarse. Esto significaría ordenadores que se encienden de manera instantánea y grandes ahorros energéticos, sobre todo en dispositivos móviles. Contrariamente a lo que su nombre pueda indicar, el almacenamiento del bit en esta tecnología no se corresponde directamente con el dominio magnético, lo cual implicaría que el mismo ocuparía un espacio físico considerable, sino que se lo hace por el valor de resistencia afectado magnéticamente.

Esta tecnología se podría imponer como memoria universal, ya que supera en integrabilidad y consumo a las DRAM y en velocidad a las SRAM.

MEMORIAS SEMICONDUCTORAS. CLASIFICACION

Los dispositivos conocidos como memorias se enmarcan dentro de la denominación más general de medios de almacenamiento. Por tal entendemos a los dispositivos en los que la información digital (bits) puede almacenarse, de algún modo.

Los hay muy diversos según su principio de operación o el soporte o material sobre el que se sustenta. El motivo de su diversidad es que permanentemente se investiga en esta área para obtener cada vez mas capacidad de almacenamiento en un volumen físico menor, con mayores velocidades de acceso y con menores consumos. La consecuencia de esta necesidad de avance tecnológico es la migración de un medio de almacenamiento, a otro más veloz, de menor tamaño y que consuma menos.

El medio mas empleado en las épocas en que las computadores alcanzaron la condición de equipos personales eran los medios magnéticos. Se trataba de discos duros y flexibles, fijos y removibles, en los que los formatos fueron aumentando rápidamente su densidad de información.

Los soportes ópticos fueron más recientes. Actualmente la atención se centra en dispositivos basados en semiconductores, en los que la ausencia de partes móviles les brinda características muy ventajosas en velocidad, densidad de datos, operatividad y transportabilidad. Un ejemplo de esto son los Pen drives , de uso muy extendido actualmente. Podemos clasificar a los medios de almacenamiento en:

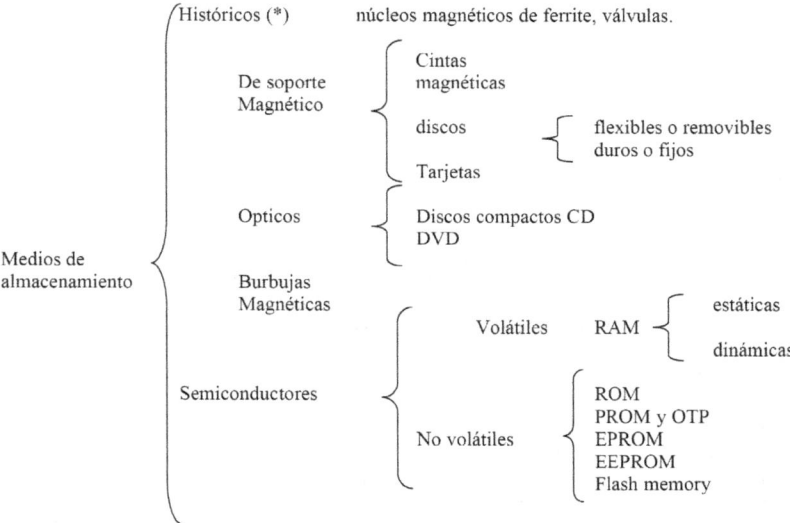

(*) Englobamos como históricos a aquellos con los que el autor no tomó contacto directo. Muchos de los presentados en este cuadro podrían hoy considerarse también del mismo modo como es el caso de algunos formatos de cintas magnéticas, o los discos flexibles (floppy disk).

Los medios de almacenamiento también suelen clasificarse según su modo de acceso. Así, éstos pueden ser de acceso secuencial, como las cintas magnéticas, en la que para llegar a un dato determinado, deben recorrerse inevitablemente parte del soporte hasta llegar al dato requerido, de acceso aleatorio, término ya discutido, en donde a diferencia de las anteriores, se puede acceder a un dato determinado en forma directa, sin necesidad de pasar por las locaciones de otros datos, acceso cíclico, en donde los datos pasan, como en el caso de los discos, cíclicamente por la zona de lectura accediéndose a ellos por una combinación de movimientos del soporte y del dispositivo lector, de tipo FILO (First In Last Out), también llamadas pilas, organizados de modo que el primer dato en guardarse es el último en ser accedido, o las FIFOs (First In First Out), en donde el primer dato guardado es el primero en accederse. Estas dos últimas organizaciones son variantes del modo secuencial.

El Tiempo de acceso es una característica importante de los dispositivos de almacenamiento de información ya que nos indica cuanto se tarda en una operación de lectura de un dato de la memoria. Independientemente de que los diferentes fabricantes desarrollan dispositivos cada vez más veloces, es interesante comparar las velocidades de las diferentes tecnologías.

Introduccion a la Electronica Digital

Tipo de memoria	Tiempo de acceso
Núcleo de Ferrita	0,3 μs - 1μs
Cinta magnética	5 ms – 1s
Disco magnético	10 ms – 50 ms
CD_ROM	200 ms – 400 ms
Memorias integradas MOS	2ns – 300 ns
Memorias integradas bipolares	0,5 ns – 50 ns

MEMORIAS SEMICONDUCTORAS

En este curso nos referiremos a las memorias basadas en tecnologías de semiconductores, ya que son con las que se implementarán los bancos de memoria para el almacenamiento de la información proveniente de sistemas de transmisión o de adquisición digital de información.

Estas memorias son las Random Access Memory (RAM), o Memoria de Acceso Aleatoria, las Read Only Memory (ROM) o memorias de sólo lectura, las Programmable ROM (PROM), las Erasable PROM, o PROM borrables, las Electrically EPROM, o PROM borrables eléctricamente y la memorias tipo FLASH. Nos referiremos a ellas particularmente.

MEMORIAS RAM

La denominación Ranom Access Memory o " Memoria de Acceso Aleatorio" surgió para diferenciarlas de las memoria de acceso secuencial, debido a que en los comienzos de la computación, las memorias principales (o primarias) de las computadoras eran siempre de tipo RAM y las memorias secundarias (o masivas) eran de acceso secuencial (cintas o tarjetas perforadas). Es frecuente pues que se hable de memoria RAM para hacer referencia a la memoria principal de una computadora, pero actualmente la denominación no es precisa.

Uno de los primeros tipos de memoria RAM fue la memoria de núcleo magnético, desarrollada entre 1949 y 1952 y usada en muchos computadores hasta el desarrollo de circuitos integrados a finales de los años 60 y principios de los 70. Antes que eso, las computadoras usaban reles y líneas de retardo de varios tipos construidas con tubos de vacío (válvulas) para implementar las funciones de memoria principal con o sin acceso aleatorio.

En 1969 fueron lanzadas una de las primeras memorias RAM basadas en semiconductores de silicio por parte de Intel con el integrado 3101 de 64 bits de memoria y para el siguiente año se presento una memoria DRAM de 1 Kilobyte, referencia 1103 que se constituyo en un hito, ya que fue la primera en ser comercializada con éxito, lo que significo el principio del fin para las memorias de núcleo magnético. En comparación con los integrados de memoria DRAM actuales, la 1103 es primitiva en varios aspectos, pero tenia un desempeño mayor que la memoria de núcleos.

Cabe destacar en este punto que las RAM pueden ser del tipo estáticas o dinámicas. La diferencia importante es que las Dinámicas o DRAM, basan su funcionamiento en el almacenamiento de carga en un capacitor parásito propio de las tecnologías MOS, en la compuerta (gate) de los transistores que conforman el biestable de la celda básica de memoria. El gran inconveniente de esto es le necesidad de "refrescar" esta carga permanentemente (cada 2 mseg) para que la información de la celda no se pierda. A pesar de esto, el bajo costo y alto grado de integrabilidad de estos dipositivos los hacen muy competentes en el mercado de las computadoras y de allí su uso tan extendido.

En 1973 se presentó una innovación que permitió otra miniaturización y se convirtió en estándar para las memorias DRAM: la multiplexación en tiempo de la direcciones de memoria. MOSTEK lanzó la referencia MK4096 de 4Kb en un empaque de 16 pines, mientras sus competidores las fabricaban en el empaque DIP de 22 pines. El esquema de direccionamiento se convirtió en un estándar de facto debido a la gran popularidad que logró esta referencia de DRAM. Para finales de los 70 los integrados eran usados en la mayoría de computadores nuevos, se soldaban directamente a las placas base o se instalaban en zócalos, de manera que ocupaban un área extensa de circuito impreso. Con el tiempo se hizo obvio que la instalación de RAM sobre el impreso principal, impedía la miniaturización, entonces se idearon los primeros módulos de memoria como el SIPP, aprovechando las ventajas de la construcción modular. El formato SIMM fue una mejora al anterior, eliminando los pines metálicos y dejando unas áreas de cobre en uno de los bordes del impreso, muy similares a los de las tarjetas de expansión, de hecho los módulos SIPP y los primeros SIMM tienen la misma distribución de pines.

A finales de los 80 el aumento en la velocidad de los procesadores y el aumento en el ancho de banda requerido, dejaron rezagadas a las memorias DRAM con el esquema original MOSTEK, de manera que se realizaron una serie de mejoras en el direccionamiento.

RAM ESTATICA BJT (BJT SRAM)

En la figura siguiente se tiene una celda de memoria estática bipolar (SRAM BJT). La unidad básica de memoria es el biestable formado por los transistores T1 y T2.

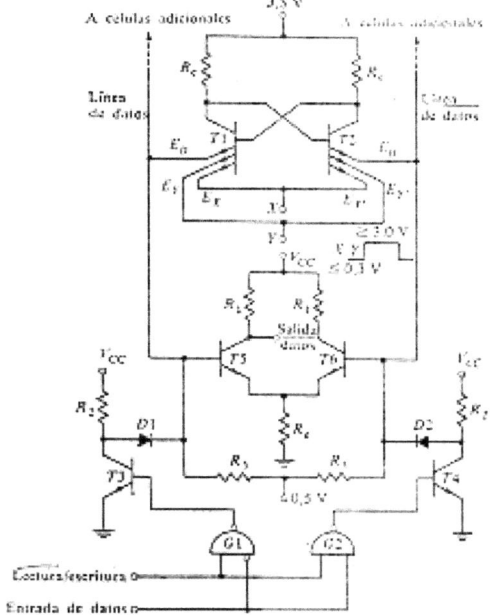

Introduccion a la Electronica Digital

     Este circuito se realimenta positivamente alcanzando rápidamente una condición estable. Si T1 conduce, por ejemplo, la tensión en su colector cae, pero como esta tensión polariza a la base de T2, T2 se va a corte. Si T2 se va a corte, la tensión de su colector sube aumentando la conducción en T1. De ese modo, T1 conduce fuertemente y T2 queda en corte. Como el circuito es simétrico, puede cambiarse el transistor que conduce y se hacen las mismas consideraciones.
     También vemos que si T1 está en saturación, se inyecta corriente den la base de T5, el cual se satura también. De este modo, el transistor T5 "copia" el estado de T1, y el T6 , el estado de T2. En la línea de salida de datos, se tiene el valor del colector de T1.
     Las líneas X e Y son parte del circuito de selección o direccionamiento de la celda. Cuando X e Y estén en niveles altos, el estado del par T1 y T2 dependerá de lo que haya en *Línea de datos* o en su complemento. Dependiendo de lo que haya en las líneas *Lectura/Escritura* la operación será la de determinar el estado del par T1, T2 (escritura), o simplemente poner en T5, el valor de T1 (lectura).
     Si X o Y, o ambas, están en "0", la celda no es direccionada. Si la entrada Lectura/Escritura está en "0", las salidas de G1 y G2 son necesariamente "1" llevando a T3 y T4 a conducción. Cae la tensión de sus colectores y los diodos D1 y D2 dejan de conducir aislando la celda.
     Cuando X e Y direccionan la celda, y suponiendo que Lectura/Escritura está en "1", y que Entrada de Datos está en "1", la salida de G2 es "0", con lo que T4 va a corte, D2 se polariza en directo porque sube el colector de T4 y el divisor resistivo R2, R3 determinan que la Línea de datos complementaria se pone en alto, con lo que T2 no conduce, la tensión de su colector tendrá el valor lógico de la *Entrada de Datos*. Nótese que T1 es el complemento de T2 y de allí que e Terminal denominado *Salida de Datos* , en el colector de T5, es complementario.
     Las memorias estáticas BJT son mucho más veloces que sus equivalentes CMOS, prefiriéndoselas cuando debe priorizarse la velocidad frente al consumo de corriente, o la integrabilidad de los circuitos. Un buen ejemplo son las denominadas memorias de *caché*.

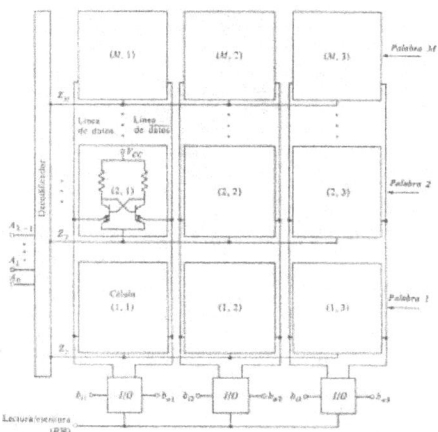

La organización de una memoria de M palabras de 3 bits por palabra

     En general las memorias, internamente se encuentran organizadas matricialmente, en un arreglo de filas y columnas como el que muestra la figura, en donde se ve que se accede

simultáneamente, en el caso del ejemplo, a M palabras, de 3 bits cada una. En este caso se dice que el chip de memoria es de
M x 3 bits. Se indica siempre la capacidad en primer término y luego el ancho del dato o palabra.

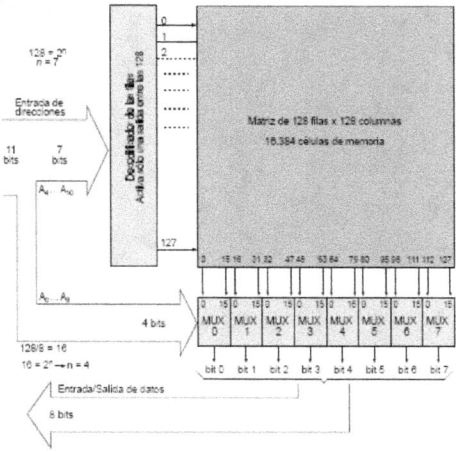

Otro ejemplo de organización de un circuito integrado (chip) de memoria, en un arreglo matricial de 128 x 128, en este caso.

Las líneas de entrada de direcciones se conocen como Bus de Direcciones, y las de entrada/salida de datos, Bus de Datos.

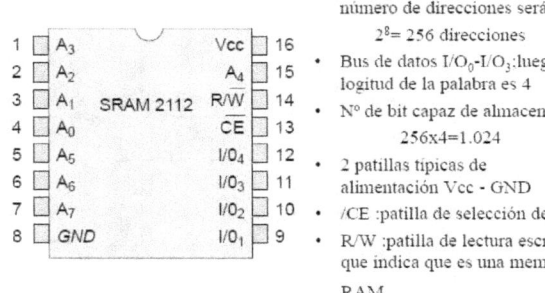

- Bus de direcciones A_0-A_8: el número de direcciones será:
  $2^8 = 256$ direcciones
- Bus de datos I/O_0-I/O_3: luego la longitud de la palabra es 4
- N° de bit capaz de almacenar
  256x4=1.024
- 2 patillas típicas de alimentación Vcc - GND
- /CE :patilla de selección de chip
- R/W :patilla de lectura escritura que indica que es una memoria RAM

Se muestra el diagrama esquemático de un chip de memoria SRAM 2112, de 256 x 4. A continuación, el diagrama en bloques del mismo chip en donde se pueden apreciar los circuitos selectores de fila y de entrada/salida de datos, además de las líneas de control como Chip Enable (CE) y R/W.

Introduccion a la Electronica Digital

- Tipo RAM estática
- Organización 256x4
- Tecnología NMOS
- Alimentación 5V
- Encapsulado:DIL 16 pines
- Comptaible con tecnología TTL
- Disipación típica de potencia:
  - 2112A = 225 mW
  - 2112a-L = 150 mW
- Tiempo de acceso máximo:
  2112A = 350 ns

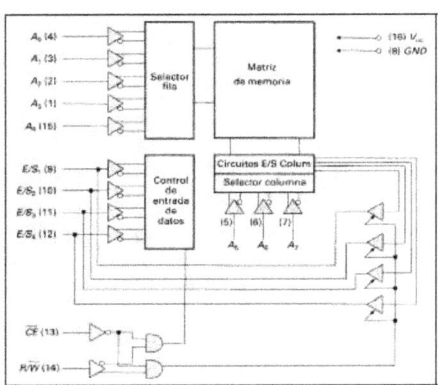

MEMORIAS RAM DINAMICAS (DRAM)

La celda de memoria de la figura es de una RAM dinámica MOS. Los capacitores C1 y C2 son fundamentales para mantener en un estado dado al biestable formado por T1 y T2, lo que constituye la celda básica de memoria.

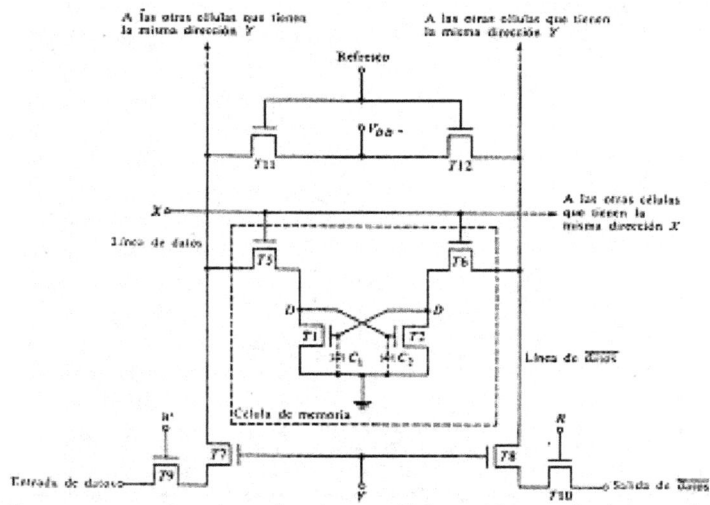

Estos no son capacitores integrados, sino capacidades parásitas, propias de la tecnología de efecto de campo, generalmente indeseables, aunque en este caso cumplen una función fundamental,

Pablo Recabarren

como es la de mantener el valor de carga en la compuerta (gate) para que el transistor siga en el estado de conducción, o de corte, en el que se encuentra, según se almacene un "1", o un "0" lógico en la celda.

Un inconveniente de este mecanismo, que identifica como dinámicas, a estas memorias, es que la carga de estas capacidades parásitas tiende a recombinarse en el sustrato y por lo tanto, a perderse al cabo de un tiempo relativamente corto. Las Ram Dinámicas o DRAMs deben recibir un pequeño pulso de mantenimiento del valor de la carga del capacitor. El pulso es lo suficientemente breve como para que si el valor de tensión en el capacitor es el de un "0", no alcance el del nivel correspondiente a un "1", pero si es un "1", que este nivel no se pierda. Este pulso se denomina *refresco* y debe ser suministrado cada unos pocos milisegundos.

Una característica de las DRAMs es que la dirección no se entrega al Bus en un ciclo. La DRAM de la figura, la MCM514256, tiene una capacidad de 256 K palabras de 4 bits cada una. Esto nos dice que para conformar una dirección necesitamos de 18 bits, no obstante ello el chip tiene sólo 9 líneas en su Bus de Direcciones. Esto es porque la dirección se presenta en dos momentos, primero la parte baja de la misma (A0-A8), y luego la parte alta (A17-A9), multiplexando en el tiempo las mismas líneas. Para indicar que se presenta una u otra parte de la dirección se suministran dos señales de control, el CAS (Column Address Selector) y el RAS (Row Address Selector).

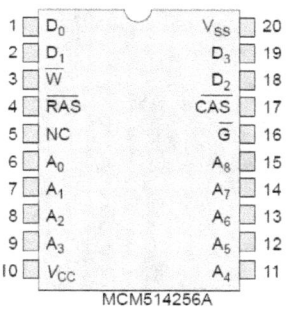

- Pines de alimentación Vcc y Vss
- Patilla de /W, de donde podemos deducir que es RAM
- /CAS y /RAS se utilizan para el refresco, de donde deducimos que es una DRAM
- Bus de direcciones A_0-A_8, pero como las memorias DRAM tienen multiplexado el bus de direcciones, las 9 líneas equivalen A_0-A_{17}, es decir $2^{18}=262.144$ direcciones
- Bus de datos D_0-D_3 es decir 4 bits 262.144x4 = 1.048.576 bits

En la operación de DRAMs deben suministrarse, además de las direcciones, datos y líneas de Read y/o Write, el pulso de refresco, y las señales de CAS y RAS. Si bien esto dificulta su uso, su alta integrabilidad, bajo costo y bajo consumo, las hacen muy competitivas, siendo los componentes fundamentales de las memorias RAM de los computadores personales.

En la figura siguiente se puede apreciar el diagrama de bloques interno de la DRAM MCM514256 en la que se pueden ver estas señales.

Introduccion a la Electronica Digital

RAM dinámica
Organización 256Kx4
Tecnología CMOS
Alimentación +5V
Encapsulado DIL 20 pines
Compatible con tecnología TTL
Consumo típico 80 mA
Direccionamiento multiplexado
Tiempo de acceso máximo 80 ns
Período de refresco máximo 8 ms

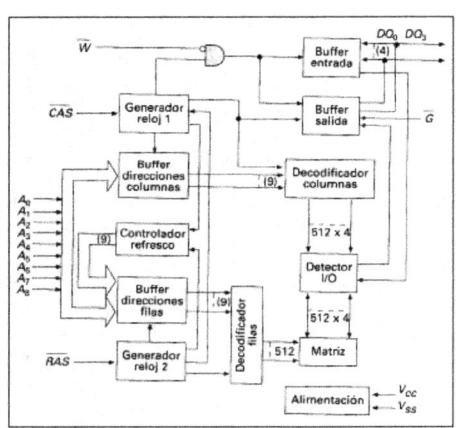

En la figura se muestran placas impresas (tarjetas) de bancos de memorias DRAM tipo SIMM en las que se pueden ver las señales del borde de placa necesarias para su operación. Este tipo de memorias fue muy usado en la industria de los computadores personales hasta hace muy pocos años.

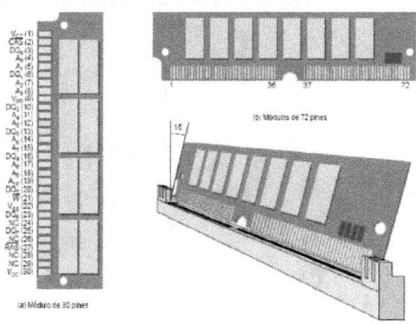

MEMORIAS ROM

normalmente conocida por su acrónimo, **R**ead **O**nly **M**emory, o memoria de sólo lectura, es una clase de medio de almacenamiento utilizado en las computadoras y otros dispositivos electrónicos. Los datos almacenados en la ROM no se puede modificar -*al menos no de manera rápida o fácil*- y se utiliza principalmente para contener el firmware o software que está estrechamente ligado al hardware específico, y sobre el que es poco probable que requieren actualizaciones frecuentes.

En su sentido más estricto, se refiere sólo a ROM a los dispositivos que se fabrican con los datos almacenados en forma permanente, y por lo tanto, nunca puede ser modificada. Sin embargo, las más modernas, como EPROM y Flash EEPROM se puede borrar y volver a programar varias veces, aún siendo descritos como "memoria de sólo lectura (ROM), porque el proceso de reprogramación en general es poco frecuente, relativamente lento y, a menudo, no se permite la escritura en lugares aleatorios de la memoria.

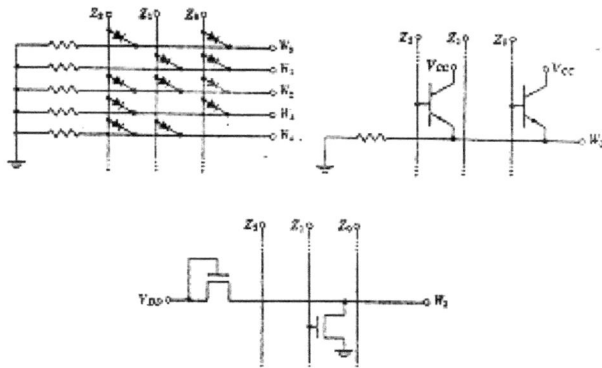

Las computadoras domésticas a comienzos de los 80 venían con todo su sistema operativo en ROM. No había otra alternativa razonable ya que las unidades de disco eran opcionales. Aunque en el año 2000 los sistemas operativos no residen en ROM, todavía las computadoras pueden tener algunos de sus programas en memoria ROM, pero incluso en este caso, es más frecuente que se aloquen en memoria flash. Los teléfonos móviles y los asistentes personales digitales (PDA) suelen tener programas en memoria ROM o en memoria flash.

Algunas de las consolas de videojuegos que usan programas basados en la memoria ROM son la Super Nintendo, la Nintendo 64, la Sega Mega Drive o la Game Boy.

Por extensión la palabra ROM puede referirse también a un archivo de datos que contenga una imagen del programa que se distribuye normalmente en memoria ROM, como una copia de un cartucho de videojuego.

Una razón de que todavía se utilice la memoria ROM para almacenar datos es la velocidad ya que los discos son más lentos, además no se puede leer un programa que es necesario para ejecutar un disco desde el propio disco. Por lo tanto, la BIOS, o el sistema de arranque de la computadora normalmente se encuentra en una memoria ROM. La memoria RAM normalmente es más rápida para lectura que la mayoría de las memorias ROM, por lo tanto el contenido ROM se suele traspasar normalmente a la memoria RAM cuando se utiliza.

Introducción a la Electrónica Digital

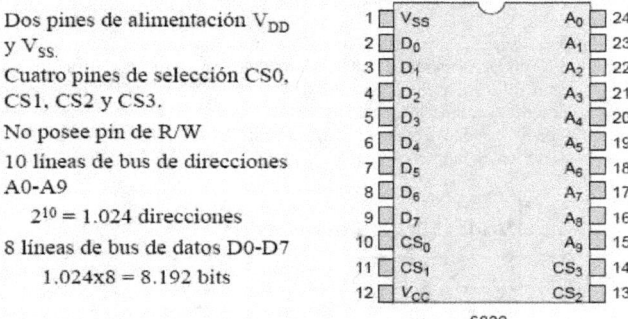

Dos pines de alimentación V_{DD} y V_{SS}.
Cuatro pines de selección CS0, CS1, CS2 y CS3.
No posee pin de R/W
10 líneas de bus de direcciones A0-A9
$2^{10} = 1.024$ direcciones
8 líneas de bus de datos D0-D7
$1.024 \times 8 = 8.192$ bits

Las líneas de datos de las ROM son salientes. Nótese que no existe línea auxiliar de R/W, ya que este tipo de memorias sólo permite su lectura, al menos cuando operan en la aplicación en las que se las implementa.

En la figura siguiente se tiene el diagrama en bloques de la ROM 6830.

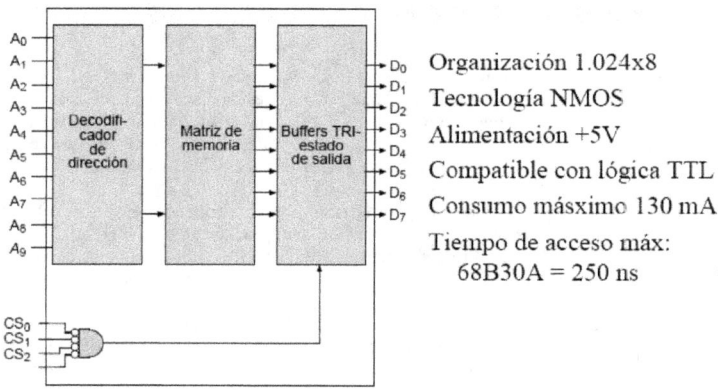

Organización 1.024×8
Tecnología NMOS
Alimentación +5V
Compatible con lógica TTL
Consumo másximo 130 mA
Tiempo de acceso máx:
68B30A = 250 ns

Cada vez son menos las aplicaciones que utilizan ROM, ya que la versatilidad de las EEPROM ha ido ganando esos espacios. La posibilidad de borrar y reprogramar el dispositivo las hace verdaderamente competentes frente a las ROMs.

Pablo Recabarren

MEMORIAS PROM

PROM es el acrónimo de *Programmable Read-Only Memory* (ROM programable). Es una memoria digital donde el valor de cada bit depende del estado de un fusible (o antifusible), que puede ser quemado una sola vez. Por esto la memoria puede ser programada (pueden ser escritos los datos) una sola vez a través de un dispositivo especial, un programador PROM. Estas memorias son utilizadas para grabar datos permanentes en cantidades menores a las ROMs, o cuando los datos deben cambiar en muchos o todos los casos.

Pequeñas PROM han venido utilizándose como generadores de funciones, normalmente en conjunción con un multiplexor. A veces se preferían a las ROM porque son bipolares, habitualmente Schottky, consiguiendo mayores velocidades.

Una PROM común se encuentra con todos los bits en valor 1 como valor por defecto de fábrica; el quemado de cada fusible, cambia el valor del correspondiente bit a 0. La programación se realiza aplicando pulsos de altos voltajes que no se encuentran durante operaciones normales (12 a 21 voltios). El término *Read-only* (sólo lectura) se refiere a que, a diferencia de otras memorias, los datos no pueden ser cambiados (al menos por el usuario final).

La memoria PROM fue inventada en 1956 por Wen Tsing Chow, trabajando para la *División Arma*, de la *American Bosch Arma Corporation* en Garden City, Nueva York. La invención fue concebida a petición de la Fuerza Aérea de los Estados Unidos, para conseguir una forma más segura y flexible para almacenar las constantes de los objetivos en la computadora digital del MBI *Atlas E/F*.

La patente y la tecnología asociadas fueron mantenidas bajo secreto por varios años mientras el *Atlas E/F* era el principal misil de Estados Unidos. El término "quemar", refiriéndose al proceso de grabar una PROM, se encuentra también en la patente original, porque como parte de la implementación original debía quemarse literalmente los diodos internos con un exceso de corriente para producir la discontinuidad del circuito.

MEMORIAS EPROM, EEPROM y OTP.

Wen Tsing Chow y otros ingenieros de la División Arma continuaron con este suceso diseñando la primera Memoria de Sólo Lectura No destruible (Non-Destructive Read-Only Memory, *NDRO*) para aplicarlo a misiles guiados, fundamentado en una base de doble abertura magnética. Estas memorias, diseñadas originalmente para mantener constantes de objetivos, fueron utilizadas para sistemas de armas de MBIs y MMRBMs.

La principal motivación para este invento fue que la Fuerza Aérea Estadounidense necesitaba reducir los costes de la fabricación de plaquetas de objetivos basadas en PROMs que necesitaban cambios constantes a medida que llegaba nueva información sobre objetivos del bloque de naciones comunistas. Como estas memorias son borrables, programables y re-programables, constituyen la primera implementación de una producción de memorias EPROM y EEPROM, de fabricación anterior al 1963.

Debe observarse que los términos modernos de estos dispositivos, PROM, EPROM y EEPROM, no fueron creados hasta un tiempo después de que las aplicaciones de misiles nucleares guiados hayan estado operacionales.

Las modernas implementaciones comerciales de las PROM, EPROM y EEPROM basadas en circuitos integrados, borrado por luz ultravioleta, y varias propiedades de los transistores, aparecen unos 10 años después. Hasta que esas nuevas implementaciones fueron desarrolladas, fuera de aplicaciones militares, era más barato fabricar memorias ROM que utilizar una de las

Introducción a la Electrónica Digital

nuevas caras tecnologías desarrolladas y fabricados por los contratistas de misiles de las fuerzas aéreas.

De todas formas, en misiles, naves espaciales, satélites y otras aplicaciones de mucha confiabilidad, siguen en uso muchos de los métodos de la implementación original de los '50.

EPROM son las siglas de *Erasable Programmable Read-Only Memory* (ROM programable borrable de sólo lectura). Es un tipo de chip de memoria ROM no volátil inventado por el ingeniero Dov Frohman. Está formada por celdas de FAMOS (Floating Gate Avalanche-Injection Metal-Oxide Semiconductor) o *transistores de puerta flotante*, cada uno de los cuales viene de fábrica sin carga, por lo que son leídos como 0 (por eso, una EPROM sin grabar se lee como **00** en todas sus celdas). Se programan mediante un dispositivo electrónico que proporciona voltajes superiores a los normalmente utilizados en los circuitos electrónicos. Las celdas que reciben carga se leen entonces como un 1.

Una vez programada, una EPROM se puede borrar solamente mediante exposición a una fuerte luz ultravioleta. Esto es debido a que los fotones de la luz excitan a los electrones de las celdas provocando que se descarguen. Las EPROMs se reconocen fácilmente por una ventana transparente en la parte alta del encapsulado, a través de la cual se puede ver el chip de silicio y que admite la luz ultravioleta durante el borrado.

Como el cuarzo de la ventana es caro de fabricar, se introdujeron los chips OTP (*One-Time Programmable*, programables una sola vez). La única diferencia con la EPROM es la ausencia de la ventana de cuarzo, por lo que no puede ser borrada. Las versiones OTP se fabrican para sustituir tanto a las EPROMs normales como a las EPROMs incluidas en algunos microcontroladores. Estas últimas fueron siendo sustituidas progresivamente por EEPROMs (para fabricación de pequeñas cantidades donde el coste no es lo importante) y por memoria flash (en las de mayor utilización).

Una EPROM programada retiene sus datos durante diez o veinte años, y se puede leer un número ilimitado de veces. Para evitar el borrado accidental por la luz del sol, la ventana de borrado debe permanecer cubierta. Los antiguos BIOS de los ordenadores personales eran frecuentemente EPROMs y la ventana de borrado estaba habitualmente cubierta por una etiqueta que contenía el nombre del productor del BIOS, su revisión y una advertencia de copyright. Las EPROM pueden venir en diferentes tamaños y capacidades.

Se muestra el patillaje (pin out) y el diagrama de bloques de una EPROM.

Dos pines de alimentación VCC y GND.

Cuatro pines especiales: Vpp, /PCG, /OE y /CE.

Al no poseer patilla de R/W podemos asegurar que es un tipo de memoria ROM

La patilla PGM delata que es una memoria EPROM o PROM.

Bus de direcciones A0-A12

$2^{13} = 8.192$ direcciones

Bus de datos 8 bits, D0-D7

$8.192 \times 8 = 65.536$ bits

1	V_{pp}	V_{cc}	28
2	A_{12}	PGM	27
3	A_7	NC	26
4	A_6	A_8	25
5	A_5	A_9	24
6	A_4	A_{11}	23
7	A_3	OE	22
8	A_2	A_{10}	21
9	A_1	CE	20
10	A_0	D_7	19
11	D_0	D_6	18
12	D_1	D_5	17
13	D_2	D_4	16
14	GND	D_3	15

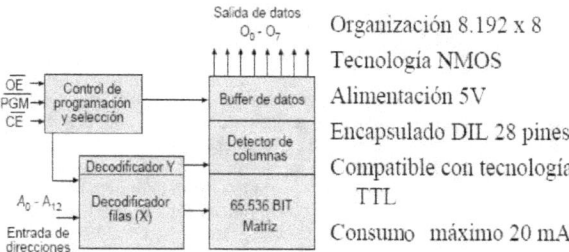

Organización 8.192 x 8
Tecnología NMOS
Alimentación 5V
Encapsulado DIL 28 pines
Compatible con tecnología TTL
Consumo máximo 20 mA

MEMORIA FLASH

La memoria flash es una forma desarrollada de la memoria EEPROM que permite que múltiples posiciones de memoria sean escritas o borradas en una misma operación de programación mediante impulsos eléctricos, frente a las anteriores que sólo permite escribir o borrar una única celda cada vez. Por ello, flash permite funcionar a velocidades muy superiores cuando los sistemas emplean lectura y escritura en diferentes puntos de esta memoria al mismo tiempo.

Las memorias flash son de carácter no volátil, esto es, la información que almacena no se pierde en cuanto se desconecta de la corriente, una característica muy valorada para la multitud de usos en los que se emplea este tipo de memoria.

Los principales usos de estos tipos de memorias son pequeños dispositivos basados en el uso de baterías como teléfonos celulares o móviles, asistentes digitales personales (*Personal Digital Assistant*), pequeños electrodomésticos, cámaras de fotos digitales, reproductores portátiles de audio, etc.

Lector de tarjetas de memoria por USB.

Las capacidades de almacenamiento de estas tarjetas que integran memorias flash comenzaron en 128 MB (128 MiB) pero actualmente se pueden encontrar en el mercado tarjetas de hasta 32 GB por parte de la empresa Panasonic en formato SD. La velocidad de transferencia de estas tarjetas, al igual que la capacidad de las mismas, se ha ido incrementando progresivamente. La nueva generación de tarjetas permitirá velocidades de hasta 30 MB/s.

El costo de estas memorias es muy bajo respecto a otro tipo de memorias similares como EEPROM y ofrece rendimientos y características muy superiores. Económicamente hablando, el precio en el mercado ronda los 20 € para dispositivos con 4 GB de almacenamiento, aunque, evidentemente, se pueden encontrar dispositivos exclusivamente de almacenamiento de unos pocos

Introducción a la Electrónica Digital

MB por precios realmente bajos, y de hasta 4000 € para la gama más alta y de mayores prestaciones. No obstante, el coste por MB en los discos duros son muy inferiores a los que ofrece la memoria flash y, además los discos duros tienen una capacidad muy superior a la de las memorias flash.

Ofrecen, además, características como gran resistencia a los golpes, bajo consumo y es muy silencioso, ya que no contiene ni actuadores mecánicos ni partes móviles. Su pequeño tamaño también es un factor determinante a la hora de escoger para un dispositivo portátil, así como su ligereza y versatilidad para todos los usos hacia los que está orientado.

Sin embargo, todos los tipos de memoria flash sólo permiten un número limitado de escrituras y borrados, generalmente entre 10.000 y un millón, dependiendo de la celda, de la precisión del proceso de fabricación y del voltaje necesario para su borrado.

La historia de la memoria flash siempre ha estado muy vinculada con el avance del resto de las tecnologías a las que presta sus servicios como routers, módems, BIOS de los PC, wireless, etc. Fue Fujio Masuoka en 1984, quien inventó este tipo de memoria como evolución de las EEPROM existentes por aquel entonces. Intel intentó atribuirse la creación de esta sin éxito, aunque si comercializó la primera memoria flash de uso común.

Entre los años 1994 y 1998, se desarrollaron los principales tipos de memoria que conocemos hoy, como la SmartMedia o la CompactFlash. La tecnología pronto planteó aplicaciones en otros campos. En 1998, la compañía Rio comercializó el primer 'Walkman' sin piezas móviles aprovechando el modo de funcionamiento de SmartMedia. Era el sueño de todo deportista que hubiera sufrido los saltos de un discman en el bolsillo.

En 1994 SanDisk comenzó a comercializar tarjetas de memoria (CompactFlash) basadas en estos circuitos, y desde entonces la evolución ha llegado a pequeños dispositivos de mano de la electrónica de consumo como reproductores de MP3 portátiles, tarjetas de memoria para vídeo consolas, capacidad de almacenamiento para las PC Card que nos permiten conectar a redes inalámbricas y un largo etcétera, incluso llegando a la aeronáutica espacial. El espectro es grande.

El futuro del mundo de la memoria flash es bastante alentador, ya que se tiende a la ubicuidad de las computadoras y electrodomésticos inteligentes e integrados y, por ello, la demanda de memorias pequeñas, baratas y flexibles seguirá en alza hasta que aparezcan nuevos sistemas que lo superen tanto en características como en coste. En apariencia, esto no parecía muy factible ni siquiera a medio plazo ya que la miniaturización y densidad de las memorias flash estaba todavía lejos de alcanzar niveles preocupantes desde el punto de vista físico. Pero con la aparicion del memristor el futuro de las memorias flash comienza a opacarse.

El desarrollo de las memorias flash es, en comparación con otros tipos de memoria sorprendentemente rápido tanto en capacidad como en velocidad y prestaciones. Sin embargo, los estándares de comunicación de estas memorias, de especial forma en la comunicación con los PC es notablemente inferior, lo que puede retrasar los avances conseguidos.

ORGANIZACIÓN DE BANCOS DE MEMORIAS

Entendemos por Banco de Memorias a un circuito formado por un arreglo de circuitos integrados de memoria conformando un conjunto de mayor capacidad, o de mayor longitud de palabra, o ambas cosas, que un chip individual de memorias. El Banco de Memorias es funcional completamente y puede ser visto exteriormente como si fuese una memoria de capacidades ampliadas, en referencia a los circuitos integrados de memoria que lo componen.

Atento a esto se nos pueden presentar tres casos, a) Con chips de M x N, (M = capacidad del chip, o cantidad de direcciones de memoria y N = cantidad de bits del dato) , organizar un banco de memorias cuya longitud de palabra sea mayor que N, ó b) Con chips M x N organizar un banco que tenga mayor capacidad que M, o c) Con chips de M x N , organizar un banco de memorias que tenga mayor capacidad que M y cuya longitud de palabra sea mayor que N.

AMPLIACION DE PALABRA

En el ejemplo siguiente se trata de implementar un banco de 1K posiciones, cada una de 8 bits, utilizando chips de 1Kb x 4 bits. Vemos como se utilizan las líneas de datos D0 a D3, en conjunto con
D4 a D7, para conformar una palabra de 8 bits. Los pines Chip Select (CS) de ambos chips deben actuar simultáneamente.

En este caso, ambos chips deben ser seleccionados simultáneamente a través de sus entradas CS. El bus de direcciones tendrá 10 líneas ya que 2^{10} = 1024 = 1K direcciones. El bus de datos se formará con 4 bits de datos de uno de los chips y con los 4 del otro, conformándose el dato de 8 bits con la presentación simultánea de los dos grupos de 4 bits. A esto se denomina *ampliación de palabra*.

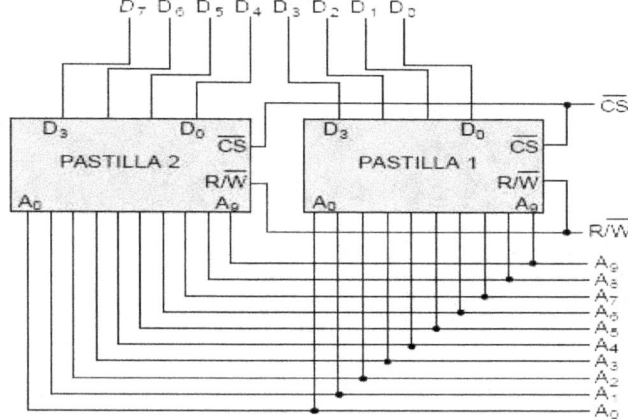

A continuación se presenta un caso de ampliación de palabra, en el que se pretende organizar una memoria RAM de 8K direcciones x 8 bits, con chips de K direcciones x 1 bit.

Las líneas necesarias para direccionar 8 K direcciones (8192 direcciones) son 13, y cada chip tiene un bus de direcciones de 13 bits, por lo que todas las líneas del banco ingresan a cada uno de los chips. Los CS de los chips son seleccionados simultáneamente para que el único bit de datos de cada chip conforme el bus de 8 bits requerido.

Introducción a la Electrónica Digital

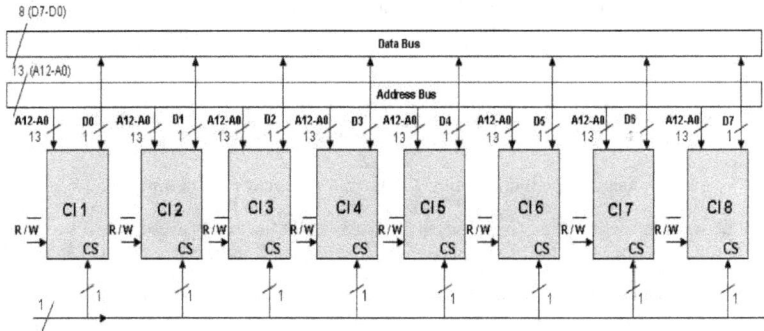

Nótese la simbología empleada para la confección del circuito esquemático. Un línea cruzada indica un Bus, el número cercano a la barra de cruce indica la cantidad de líneas que integran el Bus, y la leyenda indica la denominación de esas líneas. Por ejemplo D0-D7 es empleado como abreviatura de D0, D1, D2, D3, D4, D5, D6 y D7.

AMPLIACION DE CAPACIDAD

Vemos ahora cuando es necesario implementar un banco de memorias cuya capacidad es mayor de la de los chips que lo conforman. En el ejemplo se debe conformar un banco de 4K direcciones, cada una de 4 bits, y para hacerlo se cuenta con chips de 1K x 4 bits. En primer lugar dividimos la capacidad total de memoria necesaria por la capacidad de cada chip, a los efectos de obtener la cantidad de chips que debemos emplear. En este caso se necesitarán 4 chips.

Se pretende aumentar la cantidad de direcciones disponibles. Cada chip posee 10 líneas de dirección, pero el banco es de 4K, o sea que necesita 12 líneas. Las líneas A0, hasta A9 (10 bits) van a todos los chips simultáneamente. Las líneas restantes (A10 y A11) entran a un decodificador cuya función es la de ir habilitando uno a uno, a los diferentes chips de memorias del banco, con el objeto de evitar un conflicto en el Bus de Datos. De este modo, sólo un chip por vez estará activo, quedando el resto, en alta impedancia, con lo que cada chip pondrá, o recibirá, datos del bus de datos en forma individual.

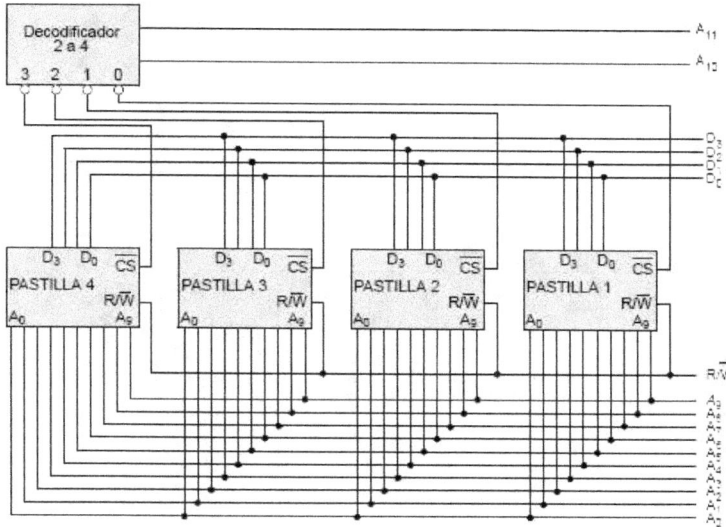

Un ejemplo de ampliación de capacidad en el que se pretende un banco de 32K por 8 bits, con chips de 8K x 8 bits.

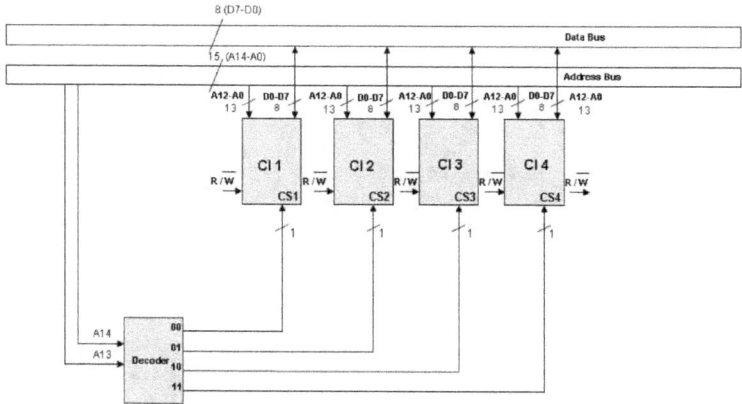

Introducción a la Electrónica Digital

Analizaremos el espacio de direcciones del banco de memoria del ejemplo.

A14	A13	A12	A11	A10	A9	A8	A7	A6	A5	A4	A3	A2	A1	A0		
0	0	0	0	0	0	0	0	0	0	0	0	0	0	0	0000H	⎫
0	0	0	0	0	0	0	0	0	0	0	0	0	0	1		CHIP IC1
0	0	0	0	0	0	0	0	0	0	0	0	0	1	0		8K
0	0	0	0	0	0	0	0	0	0	0	0	0	1	1		A14 = 0
0	0	0	0	0	0	0	0	0	0	0	1	0	0			A13 = 0
.....																
0	0	1	1	1	1	1	1	1	1	1	1	1	1	1	1FFFH	⎭
0	1	0	0	0	0	0	0	0	0	0	0	0	0	0	2000H	⎫ CHIP IC2
0	1	0	0	0	0	0	0	0	0	0	0	0	0	1		8K
.....																A14 = 0
0	1	1	1	1	1	1	1	1	1	1	1	1	1	1	3FFFH	⎭ A13 = 1
1	0	0	0	0	0	0	0	0	0	0	0	0	0	0	4000H	⎫ CHIP IC3
1	0	0	0	0	0	0	0	0	0	0	0	0	0	1		8K
.....																A14 = 1
1	0	1	1	1	1	1	1	1	1	1	1	1	1	1	5FFFH	⎭ A13 = 0
1	1	0	0	0	0	0	0	0	0	0	0	0	0	0	6000H	⎫ CHIP IC4
1	1	0	0	0	0	0	0	0	0	0	0	0	0	1		8K
.....																A14 = 1
1	1	0	0	0	0	0	0	0	0	0	0	0	0			A13 = 1
.....																
1	1	1	1	1	1	1	1	1	1	1	1	1	1	1	7FFFH	⎭

Mapa de Memoria del Banco del ejemplo.

0000 h	IC 1
1FFF h	
2000 h	IC 2
3FFF h	
4000 h	IC 3
5FFFh	
6000h	IC 4
7FFFh	

La cuenta de 13 bits (8K) se repite para dada combinación de los dos bits más significativos A14 y A13, los cuales entran al decodificador de 1 entre 4, y van seleccionando a través de las entradas CS, los diferentes chips. A pesar de que las líneas de A0, a A12 van a todos los chips, no se produce un *conflicto de bus*, ya que nunca hay mas de un chip de memoria habilitado a la vez. Este tipo de análisis se hace en hexadecimal y no en binario, denominándose a esta descripción gráfica *mapa de memoria*.

AMPLIACION DE PALABRA Y DE CAPACIDAD

En los ejemplos siguientes se combinan los dos tipos de soluciones vistas para resolver el problema de un banco de memorias en el que se deben practicar tanto la ampliación de la longitud de palabra, como la de la capacidad de los chips que conforman el banco. En el ejemplo se muestra como resolver el montaje de un banco de 2 K direcciones por 8 bits, con chips de 1 K direcciones por 4 bits. La palabra de 8 bits se conforma con 4 bits por cada par de chip, y la ampliación del espacio de direcciones se lo hace a través de la línea A12, a través de una compuerta inversora, la cual selecciona dos de los chips cuando está en "1", y los otros dos cuando está en "0".

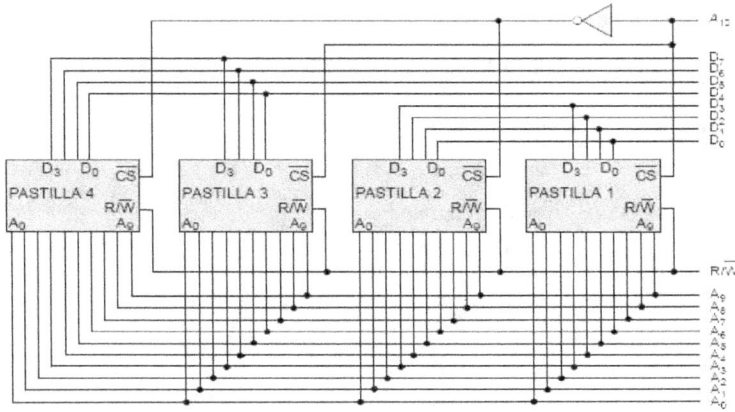

Otro ejemplo es el de la implementación de un banco de 16 K direcciones por 8 bits de longitud de palabra, empleando chips de 8 K direcciones por 4 bits.

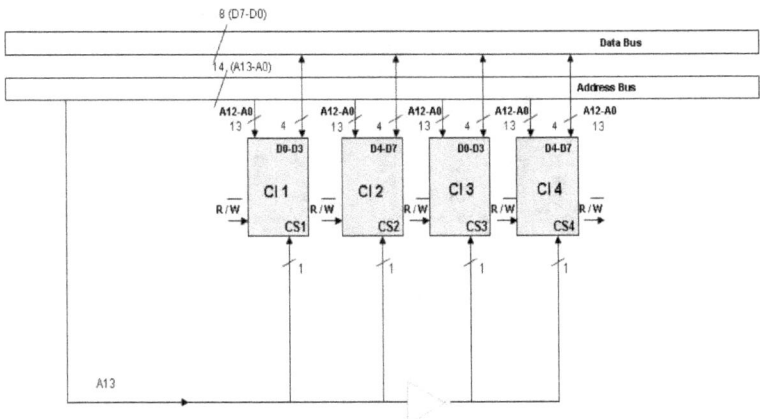

En todos los casos vistos, la línea de R/W se manipula según se desee escribir o leer los datos que están almacenados en ellas.

BIBLIOGRAFÍA

Taub, Herbert – Schilling, Donald. *Electrónica Digital Integrada*. Mc Millan's Editors.

Tocci, Ronald J. *Sistemas Digitales: Principios y Aplicaciones*. 4ta. y 5ta. Edición, Prentice Hall.

Mandado, Enrique. *Sistemas Electrónicos Digitales*. Marcombo S.A.

Manuales TTL de diversos fabricantes.

Manuales CMOS de diversos fabricantes.

Manuales Adquisición de Datos de diversos fabricantes.

www.ingramcontent.com/pod-product-compliance
Lightning Source LLC
Chambersburg PA
CBHW060840220526
45466CB00003B/1174